全民科学素质行动计划纲要书系

热门电脑丛书

不用打字的电脑输入方法

晶辰创作室 编著

科学普及出版社
·北 京·

图书在版编目(CIP)数据

不用打字的电脑输入方法/ 晶辰创作室编著. —北京：科学普及出版社，2009.1
（热门电脑丛书）（2009.9重印）
ISBN 978-7-110-06874-8

Ⅰ.不… Ⅱ. 晶… Ⅲ. 汉字编码-输入 Ⅳ.TP391.14

中国版本图书馆CIP数据核字（2007）第201820号

热门电脑丛书

不用打字的电脑输入方法

星辰创作室 编著

出版发行：科学普及出版社
社　　址：北京市海淀区中关村南大街16号
邮政编码：100081
电　　话：010-62103210
传　　真：010-62183872
网　　址：http://www.kjpbooks.com.cn
印　　刷：北京正道印刷厂印刷
开　　本：787毫米×1092毫米 1/16
印　　张：7.5
字　　数：183千字
版　　次：2009 年 1月第 1版 2009 年 9月第 2 次印刷
书　　号：ISBN 978-7-110-06874-8/TP · 191
印　　数：5001-10000册
定　　价：15.00元

内容简介

这是一本面向具体应用的电脑书籍，它不是笼统抽象地说电脑能干些什么，也不是洋洋洒洒地去一一罗列电脑软件的具体功能，而是教会你如何运用电脑去完成实际工作，解决具体问题，让电脑真正地使你能够以一当十，成倍提高工作效率，让你的梦想成真，涉足过去只能想而难以做的事。

本书以当前常用的非打字式电脑输入技术为背景，通过具体的应用范例，深入浅出地介绍了这些非键盘式输入方式的技术特点及使用方法，内容涉及手写工具汉王笔的安装与使用、IBM及微软语音识别系统的应用原理与安装配置、图片扫描识别输入系统（OCR）的使用要领等诸多方面，并给出了翔实具体的应用范例。

通过本书的学习，你会看到随着电脑技术日新月异的发展，长期以来困扰中文用户的汉字输入问题有了多种有效便利的解决方案。

策划编辑 徐扬科
责任编辑 徐扬科　周江霞
特邀编辑 王　潜
责任校对 刘红岩
责任印制 李春利
封面设计 耕者设计工作室

《热门电脑丛书》编委会

前言

人类前进的历史，犹如大江奔流，滔滔不息。

我们曾经羡慕鸟儿能自由飞翔在蓝天，于是发明了飞机，它带着我们的梦想，所以飞得更远。

我们曾经幻想月亮上住着梦中的天仙，于是登上月球去寻找她的仙踪。

我们曾经以为那遥远的地平线是永生无法到达的终点，而如今相距天涯的我们却能对面相视而谈。

这是一个神奇的世界，这是一个数字潮流时刻奔涌不息的时代。

这一切都是因为有了电脑和因特网！

是电脑和因特网让地球小了起来。我们可以通过网络即时通讯软件与他人沟通和交流。不管你的朋友是在你家隔壁还是在地球的另一端，他的文字、他的声音、他的容貌可以随时在你眼前呈现。

是电脑和因特网让世界动了起来。博客、播客、威客、BBS……网络为我们提供了充分展现自己的平台，每个人都可以通过文字、声音、视频表达自己的观点，探求事情的真相，与朋友分享自己的喜怒哀乐。网络就是这样一个完全敞开的世界，我们的交流没有界限。

是电脑和因特网让生活炫了起来。平淡无奇的日常生活让我们丧失了激情，现在就让网络来把梦想点燃吧！你可以制作漂亮的照片，编录精彩的视频，让每个人都欣赏你的风采；你可以下载动听的音乐，观看最新的电影，让自己的生活不再苍白；你可以搜寻最新的商品，“晒”出自己的家当，不管是网上购物还是以货换货，你都可以让生活随自己所愿，永远走在时尚的最前端。

是电脑和因特网让我们强大起来。过去我们用身体上班，靠手脚出力，事事亲力亲为，一天下来常常疲惫不堪。现在我们用大脑工作，指挥电脑一天完成一个人过去一万年十万年也完成不了的事；我们足不出户，却可通过搜索引擎知晓天下事情的来龙去脉；借用三维图像软件，我们甚至可以在亦真亦幻的虚拟现实世界里自由徜徉，让自己的梦想成真；凭着电脑，我们还能在瞬息万变、风起云涌的证券市场抢得先机，镇定自如，弹指一挥间锁定成千上万的财富……

电脑可以做的事情还有太多太多。

其实不仅仅是电脑，也不仅仅是因特网，这股数字化、信息化的发展洪流正在让我们的世界观面临着巨大的改变。它为传统产业带来新的生机，更造就了许多的科技新贵。在这股洪流中，我们只有更快更多地了解它、接受它，才可以更好地利用它、掌握它，争做最先。

为了帮助更多的人更好更快地融入这股潮流，2000 年在科学普及出版社的鼓励与支持下，我们编写出版了《电脑热门应用与精彩制作丛书》。弹指间八年光阴已逝，很多技术有了发展，新的应用更是层出不穷，为了及时反映这些最新的科技成就，我们在上一套丛书成功出版的基础上重新修订编写了这套《热门电脑丛书》，以更开阔的视野把当今电脑及网络应用领域里的热点知识和精彩应用介绍给读者。

在此次修订编写过程中，我们秉承既往的理念，以提高生活情趣、开拓实际应用能力为宗旨，用源于生活的实际应用作为具体的案例，尽力用最简单的语言阐明相关的原理，用最直观的插图展示其中的操作奥妙，用最经济的篇幅教会你一门电脑知识、解决一个实际的问题，让你在掌握电脑与网络知识的征途中踏上一个全新的起点。

电脑并不高深，网络也并不复杂，只要你找到一个好的向导，就可以很快走进这个奇妙的世界。愿我们这套丛书成为你的好向导！

晶辰创作室

目　录

CONTENTS

目　录

CONTENTS

第1章

实用手写，初识汉王笔

本章要点

- ☑ 了解汉王笔
- ☑ 安装汉王笔
- ☑ 初试汉王笔

汉字的产生，标志着中华民族进入了一个新的时期。悠悠数千年，汉字的字体、书写工具、书写材料不断演变，步入当今的信息时代，计算机中的汉字输入已必不可少。你可曾整日背着复杂的五笔字根却收效甚微，你可曾因为找不着键盘上星罗棋布的小字母而苦不堪言？面对这些困扰，你又可曾想到一支小小的汉王笔，将解决你所有的输入烦恼。想象一下，你只需按照平时的书写习惯进行书写，它就能准确无误地将你的笔迹识别成计算机中通用的标准印刷体汉字。一支笔在手，你将不会再对着屏幕和键盘一筹莫展，轻松挥毫，潇洒惬意，还能绘画、签名，代替鼠标，真正实现“会写字就能操作电脑”。心动了吗？还等什么，我们这就开始本书的第一章，抛开键盘，返璞归真，掌握实用的手写输入方法吧。

了解汉王笔

“工欲善其事，必先利其器。”想要掌握手写输入，我们当然要先来了解一下输入的工具。汉王笔是汉王科技公司的产品，该公司一直致力于中文输入的研发，相关的产品包括手写、绘图、扫描、OCR 等输入设备。手写输入产品中又有“大将军”、“大司马”、“砚鼠”等不同档次和功能的产品类型。

1

汉王笔的类型有很多种，比如时尚又方便的“砚鼠”（见图 1），也有功能强大的“超能大将军”。我们可以在电脑市场或是汉王专卖店方便地买到合适的产品，也可以浏览汉王科技的主页：www.hanwang.com.cn，来获取更多的信息（见图 2）。接下来我们就将以适用人群最多的“超能大将军”为例来介绍手写输入法。

2

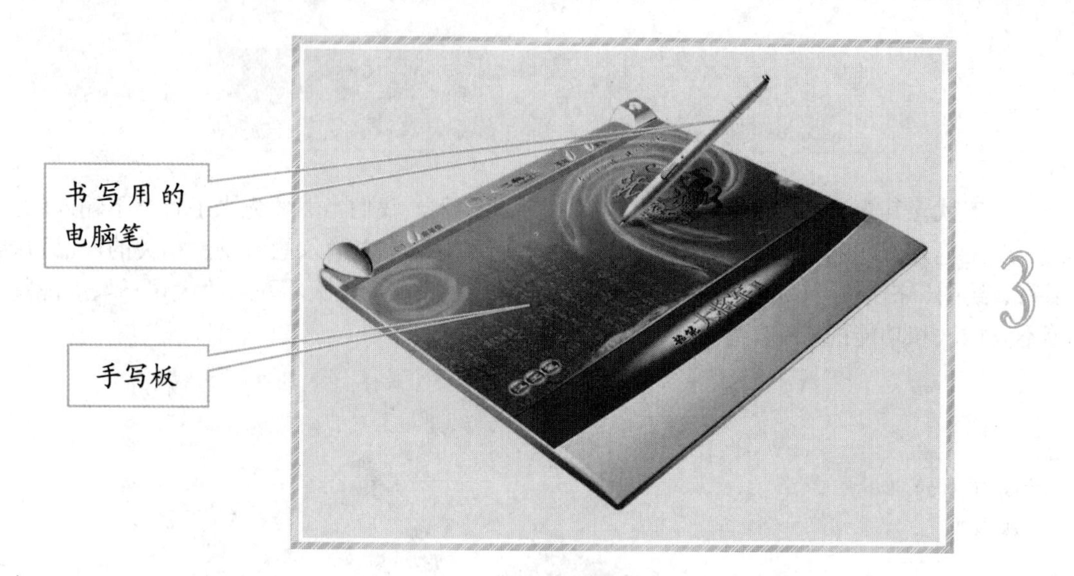

见图 3 所示，汉王笔一般由手写板和电脑笔两部分组成，手写板后面的接口可与电脑连接。早先的汉王笔手写板和电脑笔之间也有连线。

“超能大将军”的电脑笔是比较先进的无线无源压感笔，即电脑笔与手写板没有连线，电脑笔中也无需电池。通过运笔的轻重缓急来表现出笔迹的粗、细、浓、淡，方便用户绘画、书写与签名。与支持压感技术的 Photoshop、Painter、Flash、PhotoImpact 等绘画软件兼容，让你不仅能在电脑上写字，还能在电脑上画画呢！

“超能大将军”采用的是最新的第五代手写识别技术“行草王”，不论你用工整、连笔、倒插笔、简化、繁体还是行草来输入，汉王笔都能快速准确地识别出来。

“大将军”还采用了最新国标 GB18030 字库，包括简体字、繁体字、异体字、英文、数字、日文平假名及片假名、符号近 3 万种字符，是一般键盘输入法字库 GB2312（6763 个字符）的 4 倍！你将不再为专业领域中生僻字的输入而困扰。

好，我们对汉王笔已经有了初步的了解，下一节我们将正式开始接触汉王笔。

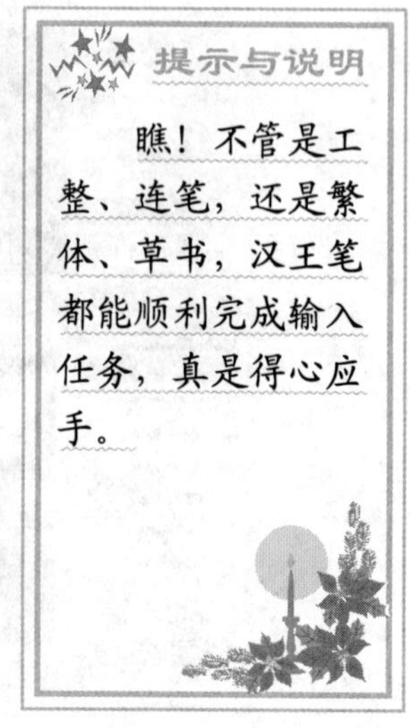

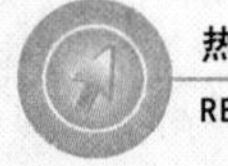

安装汉王笔

将汉王笔抱回家以后，我们要把它装好了才能正常使用。

安装汉王笔可不仅仅是插上几个插头就算完成了。整个安装过程是一个十分重要的环节，需要软件、驱动和硬件安装等几个步骤，一步都马虎不得。下面我们将从软件的安装开始介绍。

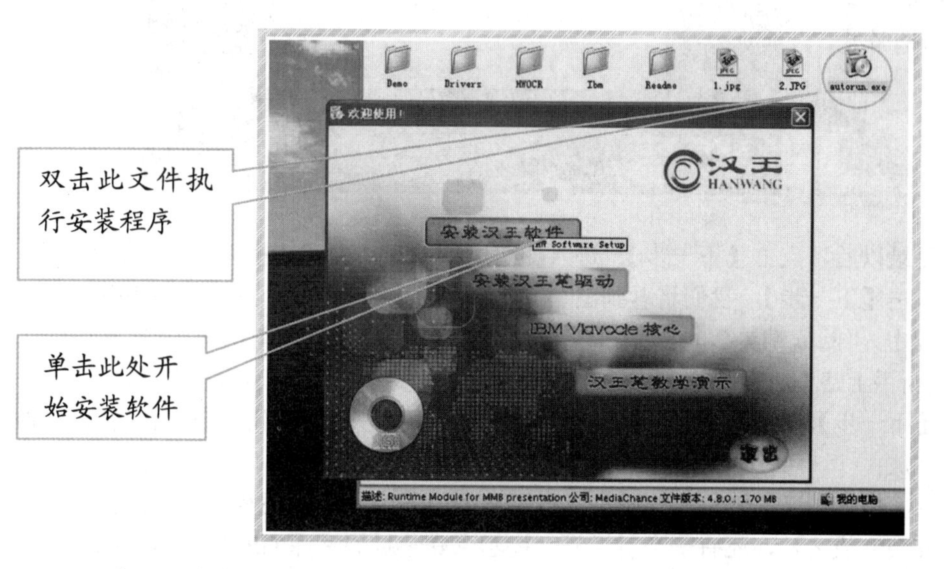

1

1. 将汉王笔的配套光盘放入光驱，光盘菜单将自动弹出；
2. 如果菜单没有自动弹出，可以进入光驱文件夹，双击 autorun.exe 文将来启动菜单；
3. 在出现的光盘菜单中，单击【安装汉王软件】（见图 1），将运行软件安装程序；
4. 一路按照提示选择【接受】和【下一步】按钮，将进入图 2 的对话框；

2

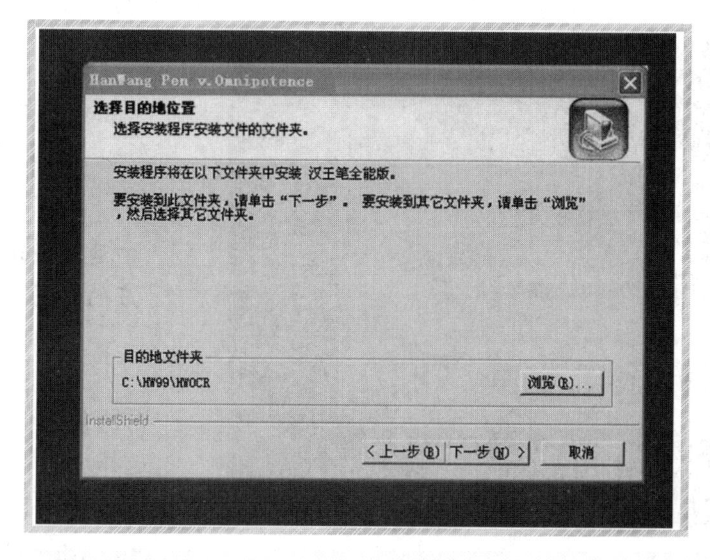

提示与说明

由于我们以“超能大将军”这一款为例进行介绍，所以这里我们选择第一个，可能后面的步骤和你安装时所见到的略有不同。

3

5. 选好目录以后，点击【下一步】，进入图 3 所示的对话框，选择你的手写板的类型；
6. 继续点击【下一步】，我们将看到图 4 所示的界面，这是一个选择安装组件的对话框；其中，“阅读精灵”、“汉王事务通”和“汉王亲笔精灵”等都是非常实用的工具。“新手上路”将以几个有趣的小游戏帮助你快速掌握汉王笔的使用；
7. 点击【下一步】，将开始软件文件的复制和安装，当进度条达到 100%时，基本软件安装完成；

   别着急，想要让汉王笔写出连键盘都打不出的生僻字，我们还有一步没做呢；
8. 软件安装完成之后，还有一个对话框，提示“安装扩展字库 GB18030”，将其勾选，点击【完成】，接下来就会安装此字库；
9. 扩展字库安装完成后，将出现提示“手写输入系统安装完毕”，问你是否现在重新启动计算机。你现在就可以把汉王笔插上，并且选择【立即重新启动计算机】，这样，软件的安装就大功告成啦！

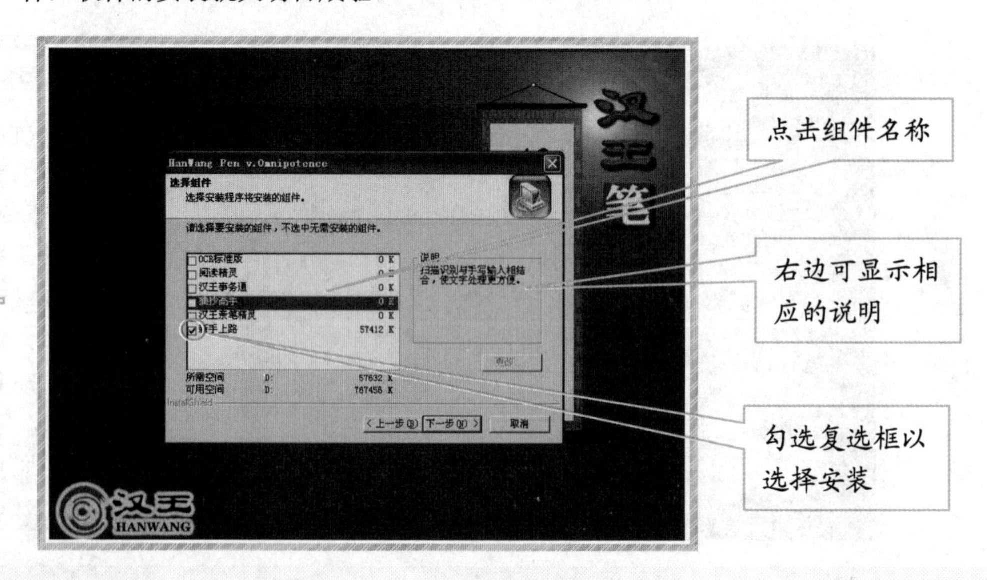

提示与说明

汉王笔主要有两种接口：USB 和 COM 接口，“超能大将军”采用的是十分普遍的 USB 接口。COM 接口的用户可以查阅相关的安装说明。

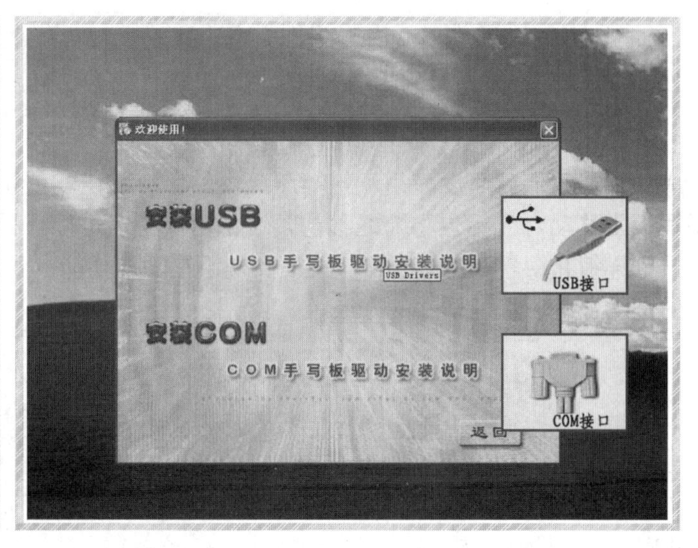

5

接下来我们开始硬件和驱动的安装。

1. 硬件的安装：USB 接口和 COM 接口见图 5 所示。其对应的插口在电脑机箱前面或后面都能找到。在将汉王笔的接口插入时，要注意正反方向：USB 接口如果插反，插不进去；COM 接口如果插反，还有可能弄弯针脚。所以插之前要仔细检查，并且不要太过用力。同时 COM 接口插完以后，还要将接口两边的螺丝拧紧。
2. 驱动的安装：按界面提示可以点击对应驱动的安装说明。其中，USB 接口只有超能系列需要安装驱动。接下来按照提示即可完成驱动的安装，相对于软件的安装，驱动的安装过程还是比较简单的，这里就不多作介绍了。

硬件和驱动安装完成以后，最好再重新启动计算机一次，以使你的电脑正确识别新安装的汉王笔。这样，我们就完成了汉王笔的全部安装工作，虽然步骤挺多，但是所谓“工欲善其事，必先利其器”，做好这些准备以后，下一节，就开始我们的“手写输入”体验之旅吧！

6

提示与说明

对于 COM 的用户：如果握着笔在手写板上移动可以操作光标，表示驱动已安装成功。如果不成功，可以点击“Readme”查看相关说明，如图 6 所示。

初试汉王笔

安装成功后，我们就可以使用汉王笔所提供的所有实用功能了。你会发现，这个时候用笔在手写板上移动，光标也将随之移动，这说明汉王笔可以代替鼠标的来操作电脑，我们会在下一章详细介绍。但是想要让汉王笔实现手写输入功能，我们还需要启动汉王软件。图 1 所示的是两种启动汉王软件的方法。

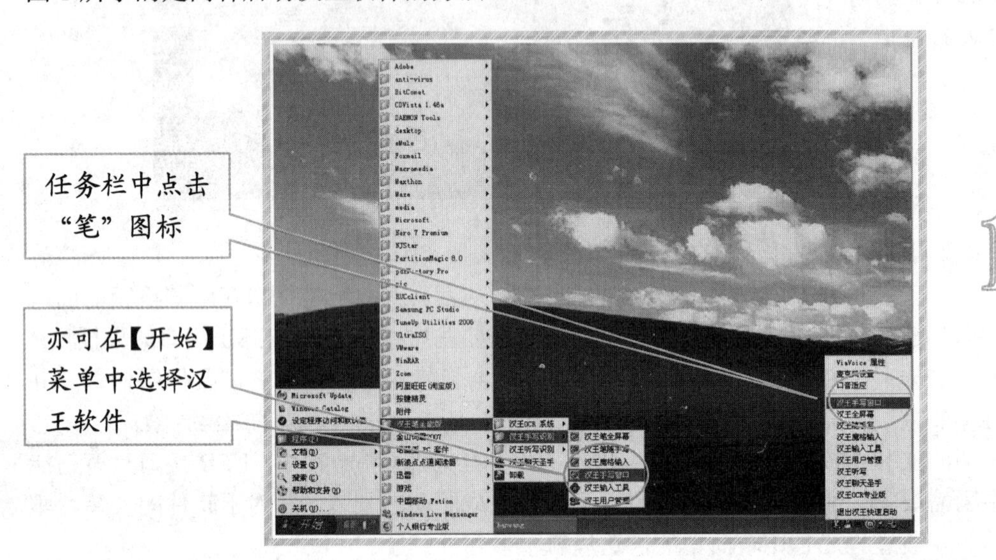

重新启动电脑后，汉王快速启动程序将自动运行，即任务栏 中“笔”的图标，点击图标，便可以看到汉王软件的菜单。或者，也可以选择【开始】|【程序】|【汉王全能版】|【汉王手写识别】，同样显示汉王软件的菜单。自此，我们发现汉王笔总共有四种输入方式：“汉王手写窗口”，“汉王全屏幕”，“汉王随手写”和“汉王魔格输入”，见图 2。

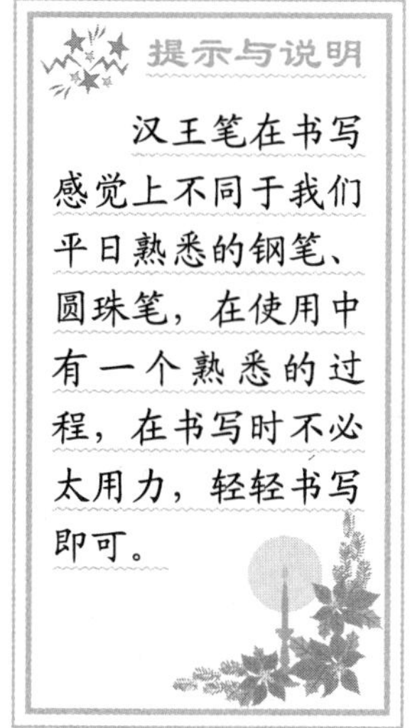
提示与说明

汉王笔在书写感觉上不同于我们平日熟悉的钢笔、圆珠笔，在使用中有一个熟悉的过程，在书写时不必太用力，轻轻书写即可。

3

汉王笔的使用要点：

- 参照图 3 所示，书写时，手写板的位置应该顺着手势摆正，避免写出的笔迹歪斜。
- 握笔不要过于倾斜，稍微立直一点，以免写不出笔迹。
- 握笔书写时，不要按到笔杆上的按钮。
- 抬笔时间的长短，应根据个人不同的书写习惯来调整。

上述就是汉王笔的使用要点，要掌握这些要点需要一个熟悉和适应的过程，我们可以在“汉王手写窗口”方式中进行练习。这种方式是汉王笔最常用的输入方式，适用于不打断思路的情况下进行大量的文字输入工作，打个比方说，就是“手写输入型”的 Word。

1. 按前述的方法运行“汉王手写窗口”；
2. 出现窗口后（见图 4），你就可以在书写框中提笔挥毫，体验手写输入了。

随着笔尖移动，窗口中出现一个个汉字，是不是很神奇呢？这还不是汉王笔全部的功能呢，在下一章进阶篇，我们将进一步介绍汉王笔的使用技巧和实用功能，让你运笔如飞！

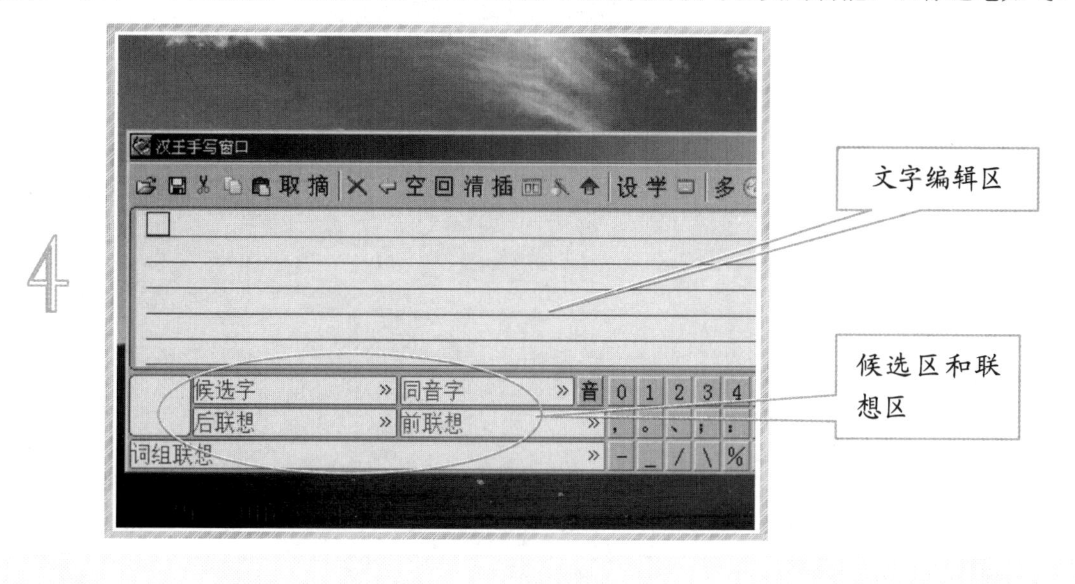

4

第2章 运笔如飞，掌握汉王笔

本章要点

- ☑ 四种输入方式（上）
- ☑ 四种输入方式（下）
- ☑ 用户管理和学习功能
- ☑ 汉王实用工具介绍
- ☑ 按键说明和维护事项

章首语

怎么样？在电脑屏幕上面写字的感觉很神奇吧。咱们只是牛刀小试了汉王笔四种输入方式中最基本的一种呢。这一章，我们将介绍另外三种输入方式，它们有各自的特点和本领，适用于工作、聊天、上网等各种不同的场合。联想、候选、混合输入等功能不仅让你写得方便，还写得惬意。当然，汉王笔可不仅仅只能用来输入文字噢，当你将小小的笔杆在手中运用熟练、游刃有余时，可曾想过，它能完全代替鼠标操作你的 Windows 呢？越听越迷惑了吧？别急，这一章就让我们来——揭开这些秘密武器的面纱，让你丢开键盘和鼠标，轻松挥毫。

四种输入方式（上）

上一章说道，汉王笔总共有四种输入方式：“汉王手写窗口”，“汉王全屏幕”，“汉王随手写”和“汉王魔格输入”，作为在汉王笔早先版本中就一直存在的输入方式，“汉王手写窗口”和“汉王全屏幕”可谓是其他输入方式和功能的前身，另外两种输入方式都是在它们基础上改进的。因此，我们将首先介绍“汉王手写窗口”和“汉王全屏幕”。

我们已经接触过“汉王手写窗口”了，它适用于长期大量文字的录入工作，也就是“爬格子”。运行手写窗口（见图 1），我们就可以开始文字编辑工作了。你一定发现了，手写窗口就像我们的 Word 一样，支持常用的编辑操作。红色方框为当前光标。词组联想区会显示与该字相关的一些词组供调用，而符号区则让我们可以方便地直接输入各种数字符号。

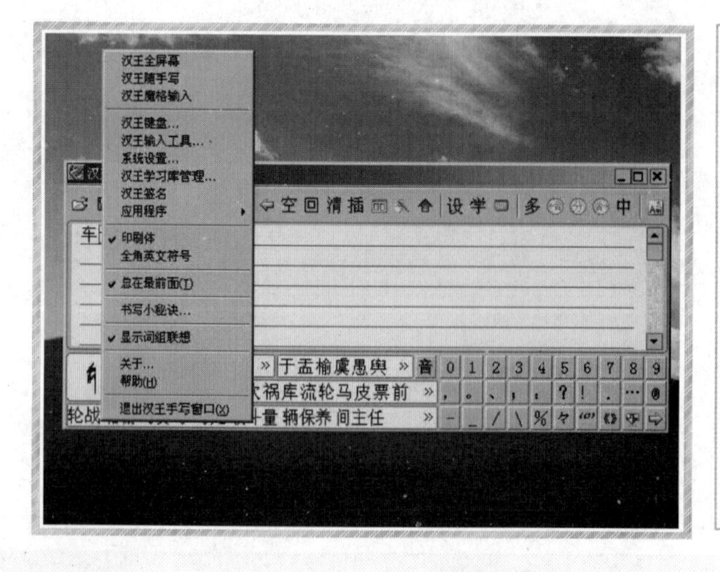

提示与说明

单击窗口左上方的图标，这是系统菜单按钮，见图 2 所示。在弹出的菜单中我们可以轻松地切换到其他输入方式，并且进行输入方式的设置。

提示与说明

单击工具栏上的按钮，打开双框书写方式，见图3所示，你可以在两个书写框范围内左右连续书写，汉王软件将直接对笔迹进行识别录入。

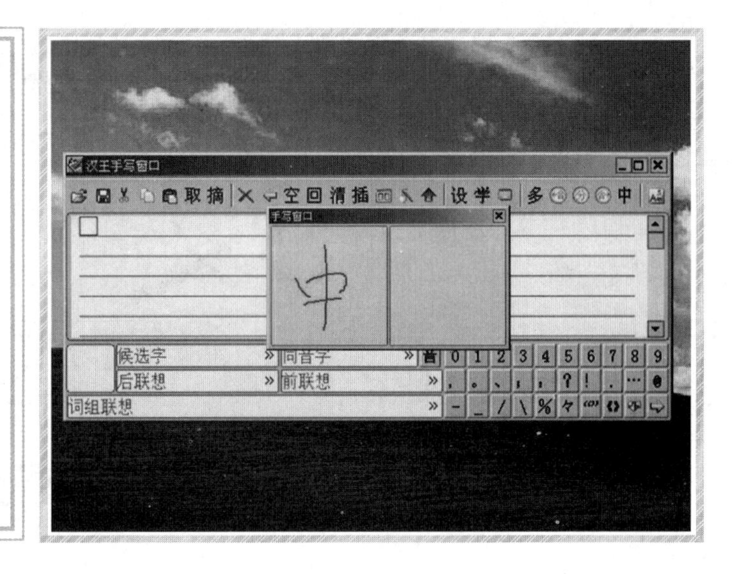

3

下面我们介绍一下工具栏的各个快捷按钮，刚才也接触了其中的一个：双框按钮。熟练地掌握快捷按钮可以提高输入速度，让操作更加便捷。在这里笔者将它们整理出来，包括后面要介绍的另外几种输入方式中的按钮，这里一并给出它们的功能介绍。

：打开文件；　：保存文件；　：剪切；　：拷贝；　：粘贴；

取：打开短语文摘管理窗口；　摘：保存精彩的内容到短语文摘；

：删除当前及光标后的内容；　：回退，删除光标前面的内容；

空/回：在光标处插入一个空格或回车；　清：清除编辑区的全部内容；

插：插入和覆盖状态切换；　：打开双框书写方式；

//：切换鼠标状态为笔、鼠标，还是笔鼠共存；

：用于发送或恢复编辑区的内容，当你编辑完成后，就可以将书写的内容发送到Word等文字处理软件中；

设：进入系统设置界面；

学：打开学习功能，可以进行单字学习、词组添加、字符串学习，提高识别率；

：汉王键盘，快速调出汉王输入工具；

多/单：单字多字书写切换按钮；　/：与左或右边笔迹合并重新识别；

：拆分当前笔迹进行识别，如“明”拆分成“日月”；

中/数/混：切换识别范围为：中文、数字或混识（混识包括中文、英文、符号）；

：英文单字识别，可以识别连笔写的英文单词（输入方式会从多字转换为单字）；

：可以将窗口最小化；　：对当前字进行二次识别；

：单字拆分，多字合并，重新识别；

符：打开常用的符号列表，选择次常用符号；

：对缓冲区所选中的英文字母进行大小写的切换；

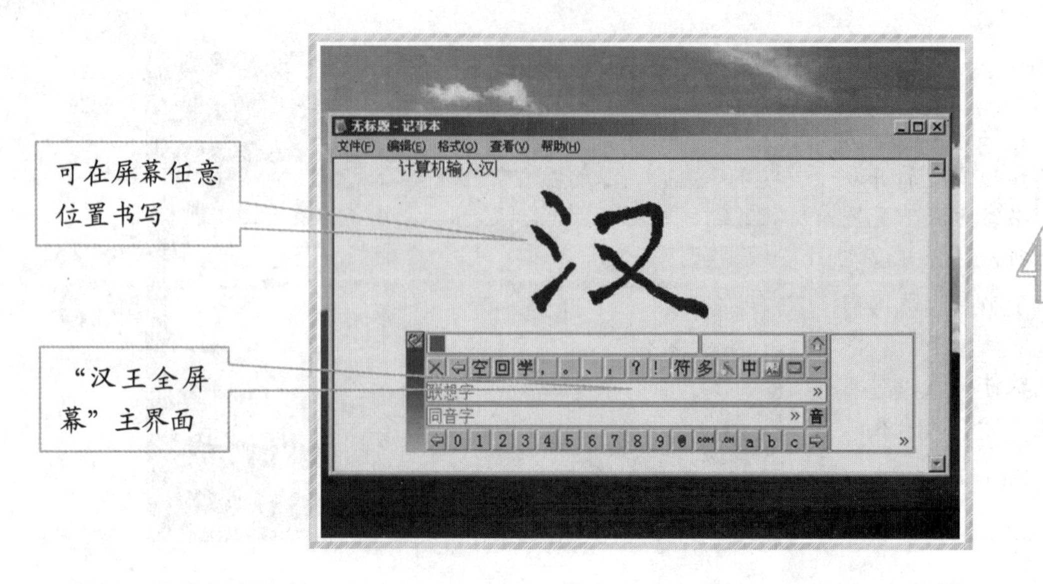

4

"汉王笔全屏幕"输入方式可以在整个屏幕上任意书写，再没有书写区域的限制，书写后识别的文字将自动发送到当前窗口，如 Word、记事本、QQ 聊天窗口等等，是最方便的书写界面，适用于日常使用电脑时的文字输入。

运行全屏幕，其主界面见图 4 所示，它同样具有前面提到的工具栏、候选区、联想区和符号区。只是手写区再也找不到了，你可以在屏幕范围内任意挥毫，不需要再顾忌那些框框了。

全屏幕有两种书写模式，全屏单字和全屏多字，通过多/单按钮来切换。全屏单字输入时，一次只能书写单个汉字或字符，抬笔瞬间就开始识别。全屏多字输入则更符合人们写字的习惯，可以连续逐字书写，最后抬笔瞬间开始识别。因此书写时要注意保持字和字之间的距离，否则软件可能会把两个相近的字当做一个字来识别。例如，如果你写的"日"和"月"太近了，就会被识别成"明"字。不过别急，你可以用分按钮来把当前字拆分开来重新识别（见图 5)。同理，合/合按钮则用于一个字被误识别为两个字的情况。

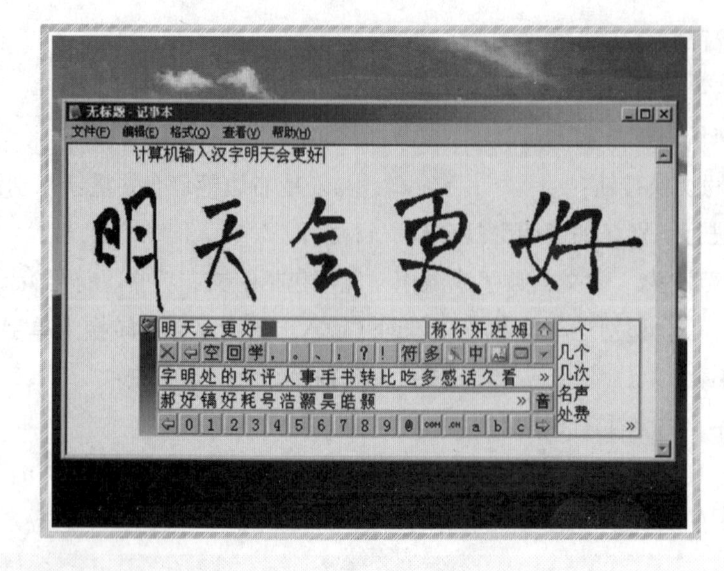

5

提示与说明

尽管我们突破了书写窗口的限制，但还是应该尽可能在当前窗口范围内书写，以免书写时激活其他窗口，导致书写结果发送错误。

四种输入方式（下）

如果你已经熟悉掌握了上一节介绍的两种输入方式，那么汉王笔基本上就可以满足日常的各种输入应用了。但是为了能让手写输入更加舒适和自然，让系统识别更加准确和快速，汉王软件精益求精，推出了“汉王随手写”和“汉王魔格输入”两种新的输入方式。我们这就来介绍给大家。

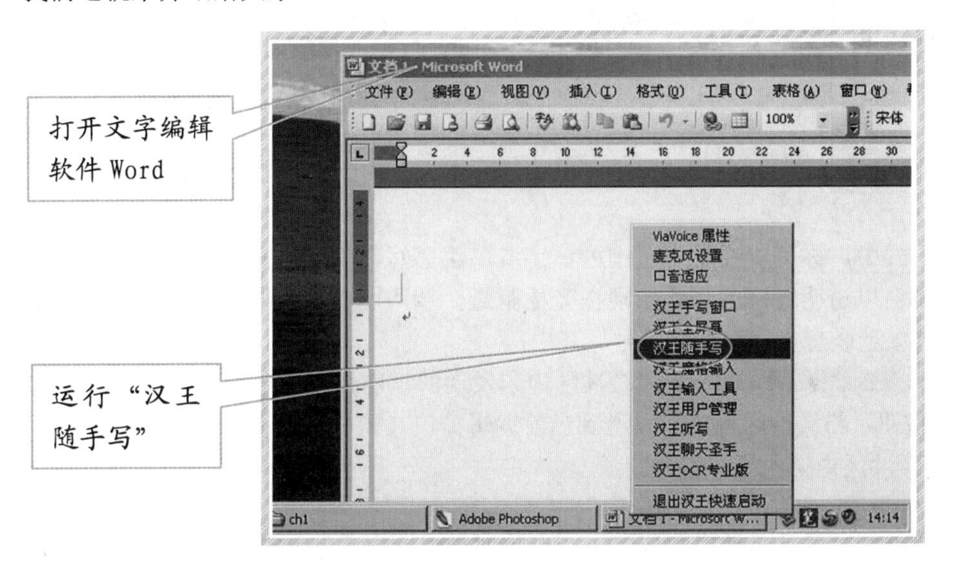

1

“汉王随手写”方式，顾名思义，在文字编辑窗口中，以跟踪光标的方式输入文字，感觉就像是拿着笔在窗口上写下一个个文字一样。首先打开你要进行文字编辑工作的软件，如 Word。然后按图 1 所示运行“汉王随手写”。你可以在窗口里开始书写了，出现的界面见图 2 所示。

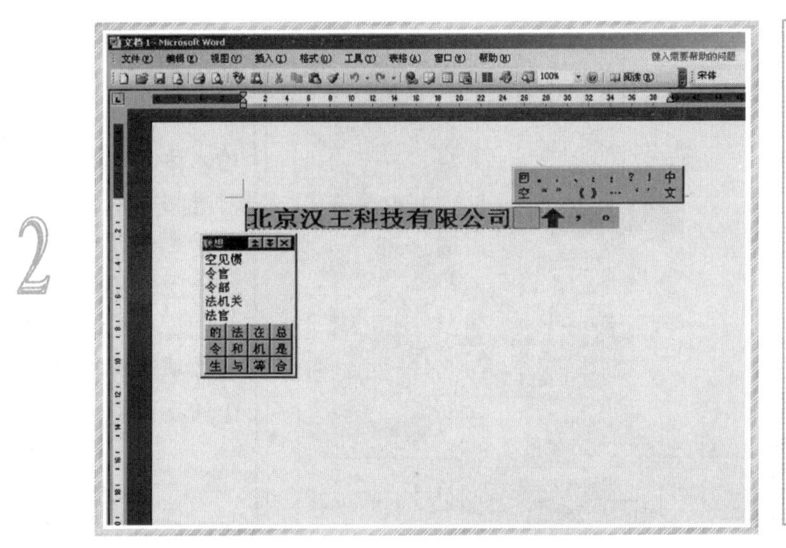

提示与说明

怎么样，随手写方式的感觉很像用五笔或拼音输入法输入文字吧，这就是它的优点所在。即，界面简单，易于上手，各种功能随手可用。

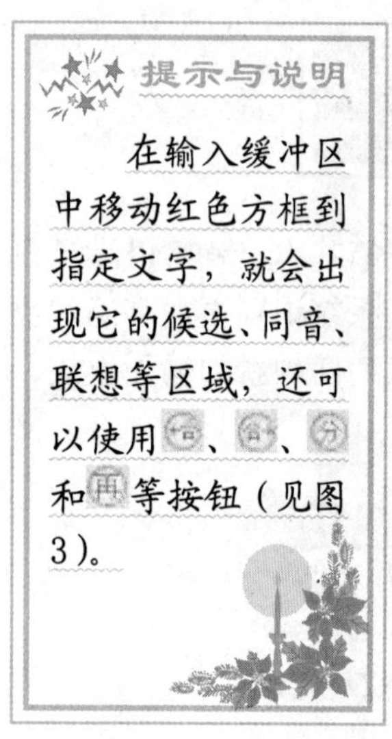
提示与说明

在输入缓冲区中移动红色方框到指定文字，就会出现它的候选、同音、联想等区域，还可以使用合、合、分和再等按钮（见图3）。

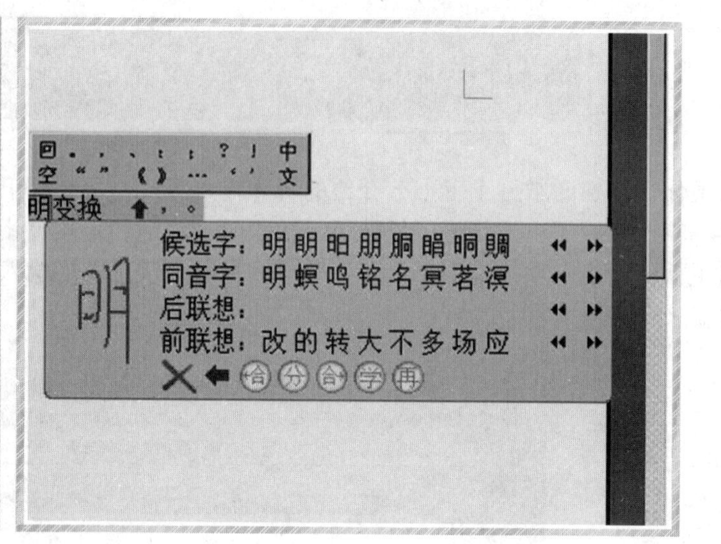

3

在随手写方式中，你可以在全屏范围内单字或多字书写，识别后，候选、联想、同音字、字符框等都会以透明窗口的形式出现在光标附近，和用键盘输入一样，可以随时随手选择附近的各种候选联想文字和标点符号。其中：

北京汉王科技有限公司：编辑缓冲区内未发送的识别结果，方便修改或重新识别。

：发送按钮，将缓冲区内文字发送到当前编辑窗口（如 Word）中。

，。：在缓冲区内插入标点符号。

中文：切换输入识别范围，还可改成数字和中英文混识等模式。

。，、：；？！“”《》…‘’：直接插入常用符号。

接下来我们介绍“汉王魔格输入”方式。先运行魔格输入，如图4所示。

4

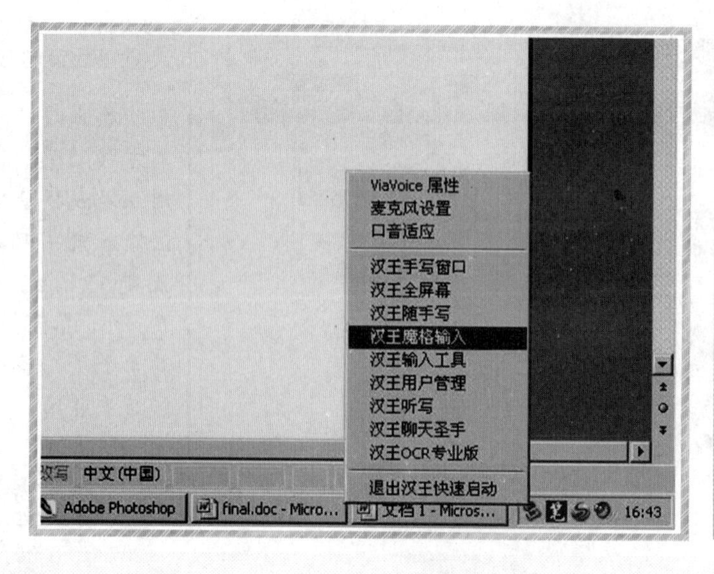

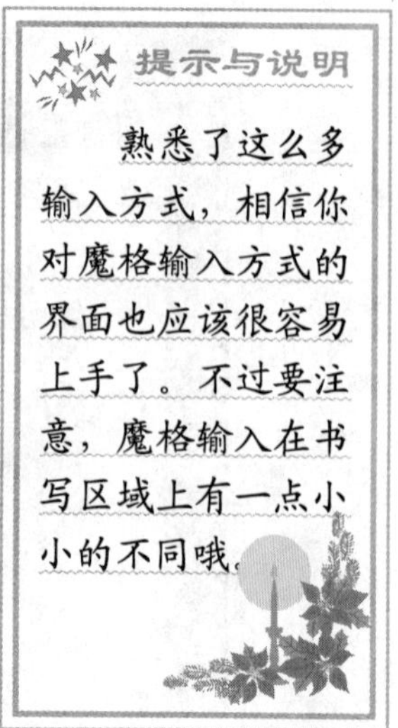
提示与说明

熟悉了这么多输入方式，相信你对魔格输入方式的界面也应该很容易上手了。不过要注意，魔格输入在书写区域上有一点小小的不同哦。

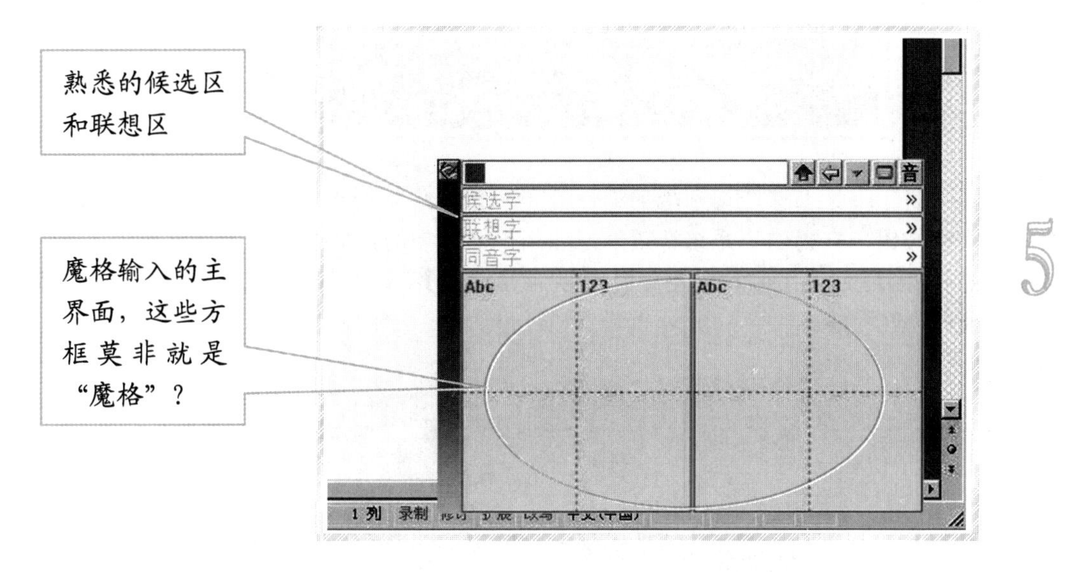

“魔格”，“魔格”!，这种输入方式它到底神奇在哪里？看到图5所示的魔格输入界面，除了我们熟悉的候选区、联想区和同音字区域，你会发现有两个书写框，每个书写框还被分成了四个小块，这难道就是魔格？没错！魔格输入法的突破就在于把手写双框输入方式和混合输入的高识别率结合起来，解决了各种字符混合书写效率较低的问题。

魔格的输入规则是怎样的呢？仔细观察图6，你会发现每个大方框左上方标有“Abc”，这表示在此区域内可以识别英文字符，并且占满上下两格则被识别为大写字母，占一个格子则被识别为小写字母；而右上方区域标有“123”，则表示此区域可以识别数字符号；另外，书写中文当然要在整个大方框范围内书写，而且尽可能在虚线上面留下笔迹，以免把你写的汉字的一部分误认为是英文字母了。最后，在四个小方格里可以书写“，”、“。”、“！”、“？”等标点符号。说了这么多，上下左右都糊涂了吧。没事儿，慢慢记住规则，多练习，就能掌握了。

另外，初学时还可以在系统菜单中选择“非精确识别”，它能识别出你写错区域的文字。

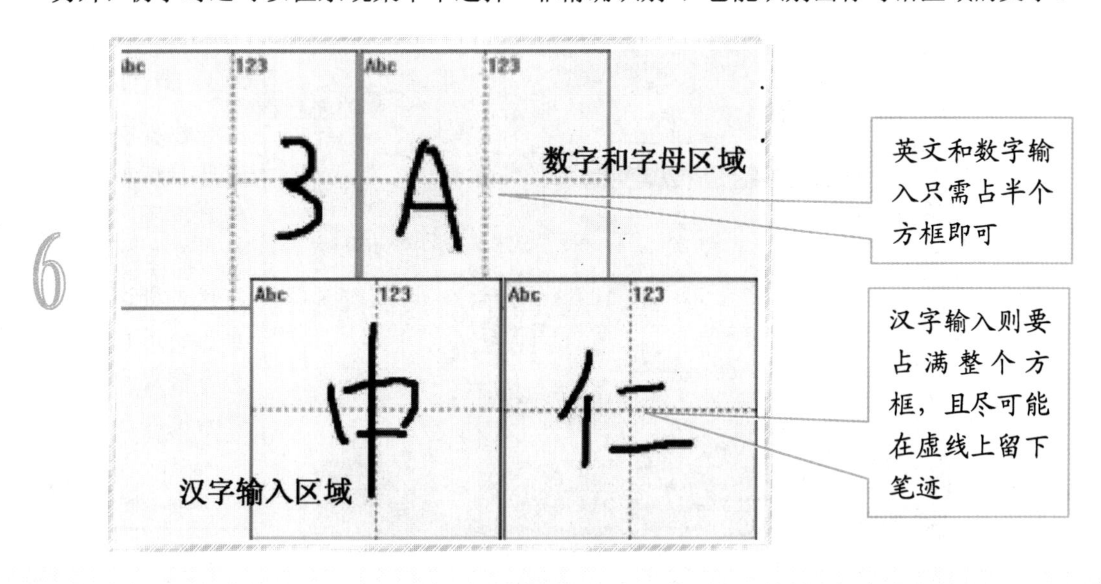

用户管理和学习功能

这一节我们介绍汉王软件的系统功能，其中包括用户管理和设置。并且详细向大家介绍如何使用学按钮，它提供了系统智慧学习和用户学习功能，能进一步提高书写识别率。

见图 1，我们通过【开始】|【程序】|【汉王全能版】|【汉王手写识别】|【汉王用户管理】运行用户管理程序。

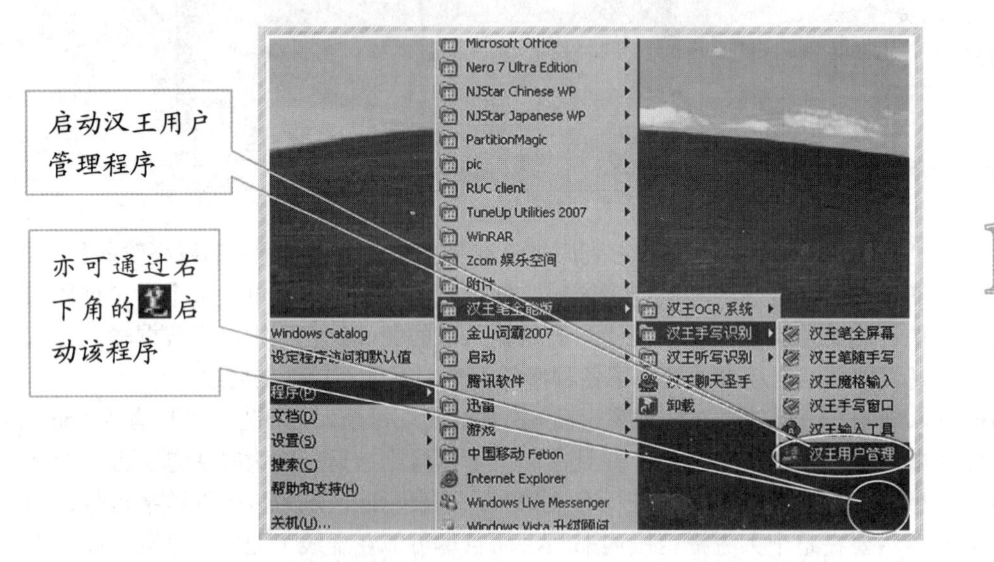

汉王手写识别软件，设计为多用户公用系统，系统中每个人都有自己独立的“用户自定义词库”、“用户自定义符号”、“书写学习字典”、“个人学习字典”和符合自己习惯的联想方式及使用界面。这样你就可以和家人或朋友按照各自的喜好和习惯，共用汉王软件了。

第一次启动汉王笔软件时，系统自动将计算机名作为默认的用户名，见图 2。

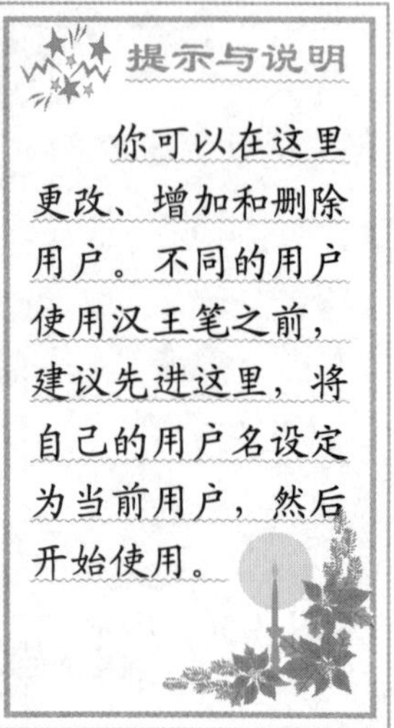

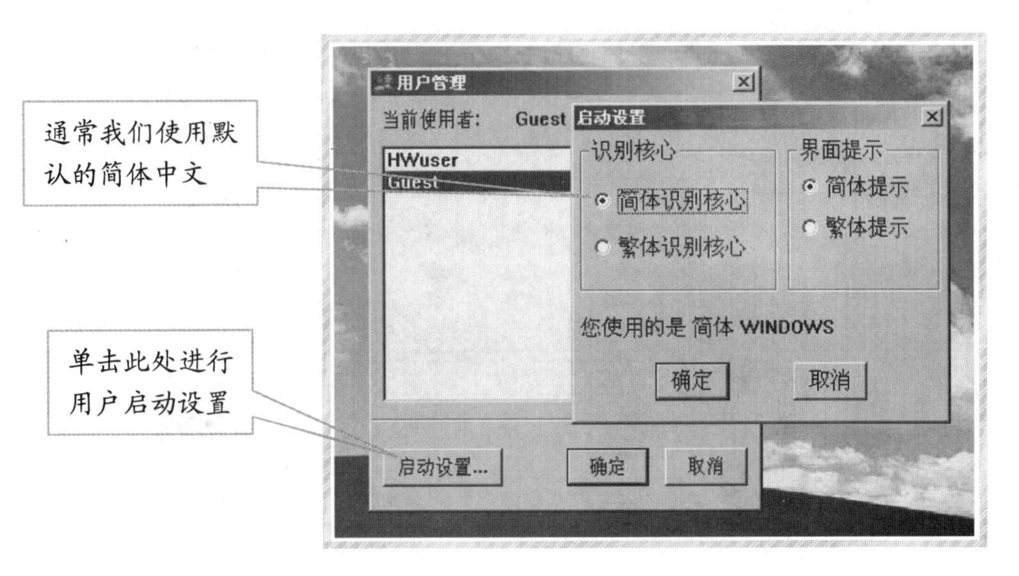

3

我们可以把某个用户的资料，如用户名、用户词库、学习字等，保存到文件里，那么重装系统或者更换电脑后，仍然可以用该文件恢复这些资料到新的汉王系统中：

1. 在用户管理界面内，选定某用户，单击【备份数据】按钮，就可以将该用户的数据资料保存到你想要的位置，文件名为“用户名.sav”；
2. 单击【恢复数据】按钮，选择你存放用户资料的位置，选中指定的“用户名.sav”，就可以把该用户的资料恢复到用户管理数据库内了。

我们还可以对每个用户进行启动设置，见图 3，选定某用户，单击【启动设置】，就可以进入设置界面，可以修改系统识别核心和界面的简体繁体显示，一般来说，我们使用默认的简体设置即可，有繁体中文用途的朋友，可以在这里修改。

汉王笔系统设置（见图 4）包括识别设置、手写设置、颜色方案、发音设置、工具箱和笔势浏览六个部分，我们将一一简单介绍它们。

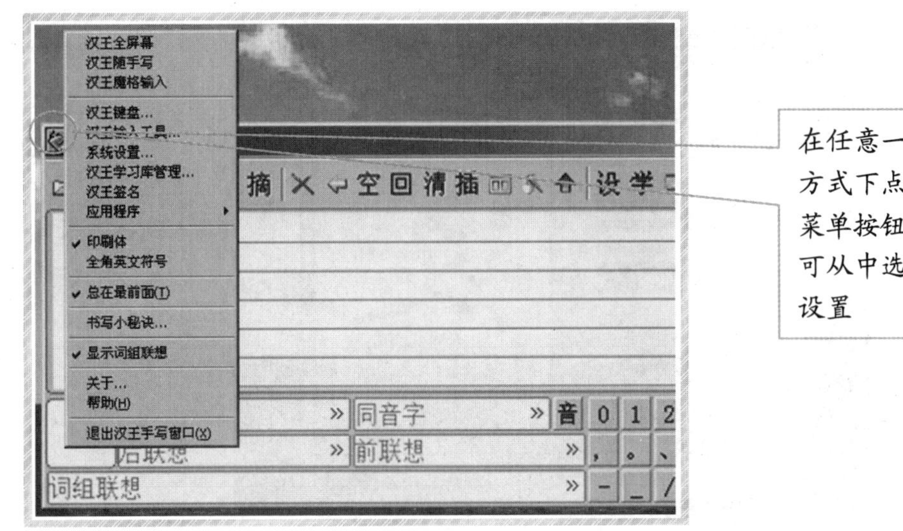

4

提示与说明

汉王笔识别设置包括识别范围、联想功能、识别等待时间、是否使用智慧学习和手写自动校正等。

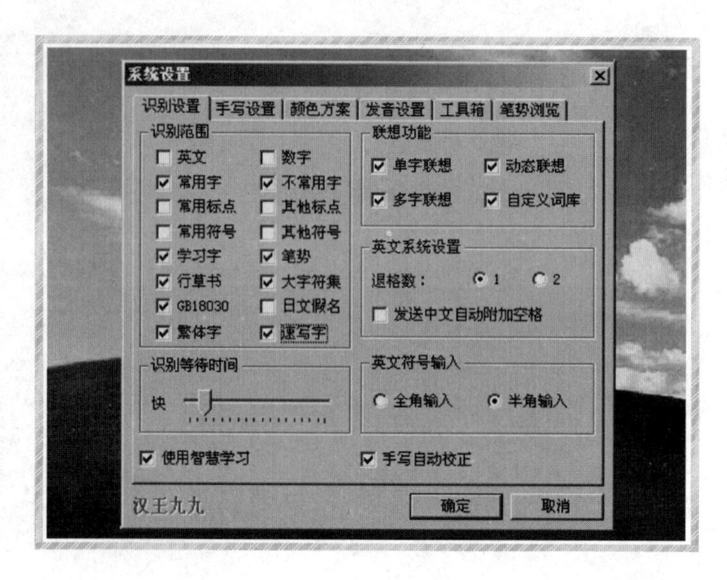

5

一、识别设置

1. 识别范围选择对各种文字、符号及笔势进行识别，如选中“行草书”就加强了对连笔字、倒插笔字和异体字的辨识率，突破了笔顺和笔画的限制，而我们如果选中之前安装的新增国标 GB18030 字符集，则可以识别更多的生僻字；
2. 联想功能可以设置单字联想、多字联想、动态联想和用户自定义词库联想；
3. 英文系统设置用于解决部分英文软件环境下和中文兼容问题；
4. 识别等待时间让你可以根据手写习惯调节手写识别的速度。见图 5 所示。

二、手写设置

如图 6 所示，手写设置包括“笔迹颜色”、“笔迹粗细”、“笔迹类型”等设置，还可以预览各种选择的组合效果。

1. “笔迹颜色”可设置为单色或渐变色，渐变色可以调节色彩变幻的快慢；
2. “笔迹粗细”让你可以随意调节笔迹的粗细；

6

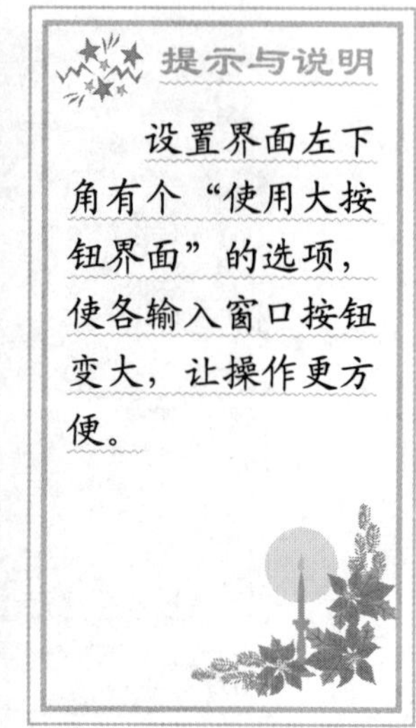

提示与说明

设置界面左下角有个“使用大按钮界面”的选项，使各输入窗口按钮变大，让操作更方便。

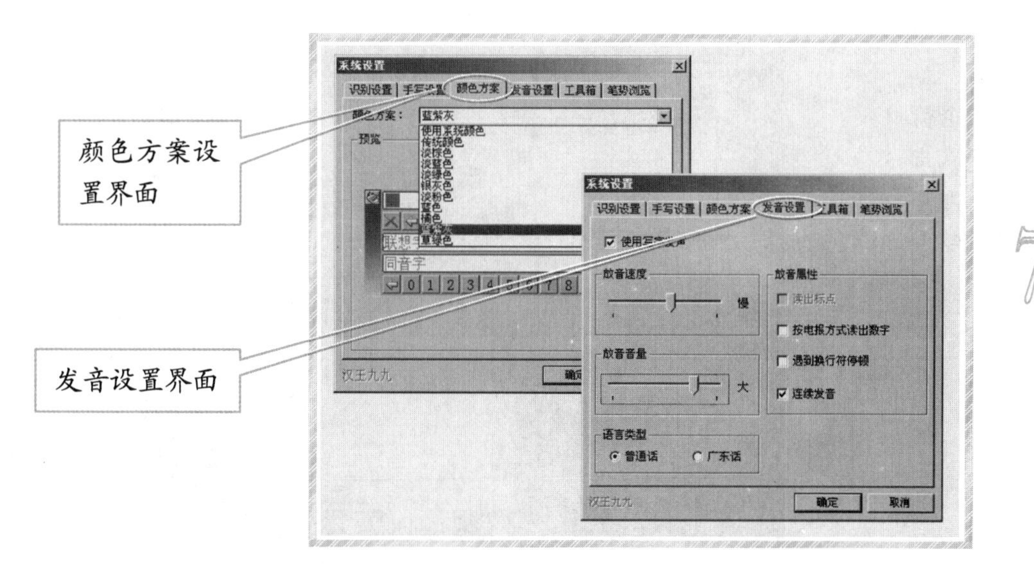

3. “笔迹类型”可以选择铅笔、钢笔和毛笔三种。

三、颜色方案和发音设置

1. 颜色方案让我们可以选择不同的界面颜色，通过预览，决定自己喜爱的颜色方案；
2. 发音设置中，你可以启用“使用写字发音”功能。并且根据个人喜好设置放音速度、放音属性和放音质量，还能选择广东话发音呢。（见图7所示）

四、工具箱和笔势浏览

1. 在工具箱选项中，如果用户设置了某个编辑软件后，那么以后在汉王手写界面的系统菜单中单击【应用程序】，就可以快速地直接调用这个编辑软件了。
2. 笔势是汉王笔提供的一种实用操作，它在文章编辑中具有很大作用。编辑文章经常需要进行空格、退格、删除和回车（即换行）操作。用汉王笔时，只需用简单的笔画符号（即笔势）就可以实现这些操作了。系统设置了“退格”、“空格”、“删除”和“回车”四种笔势的功能。（见图8所示）

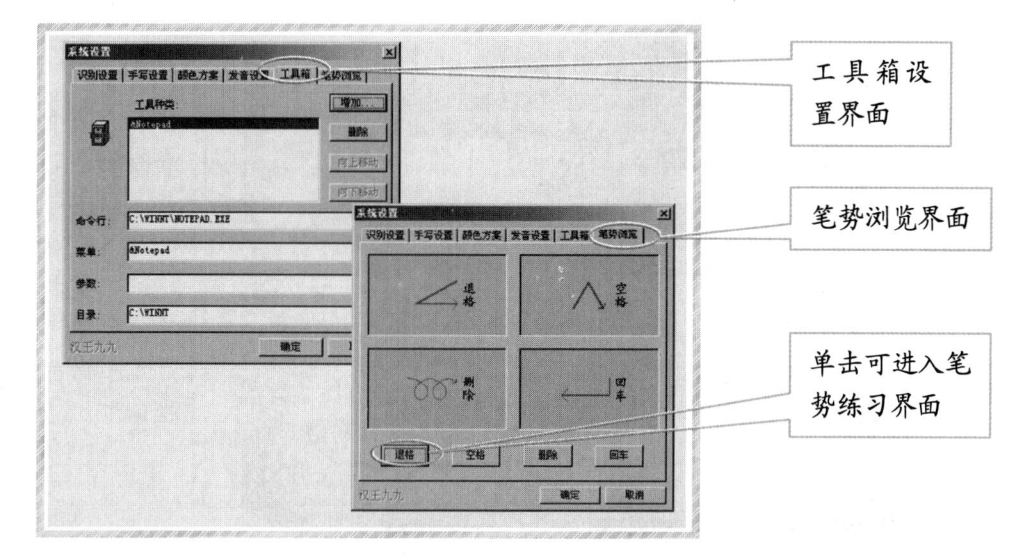

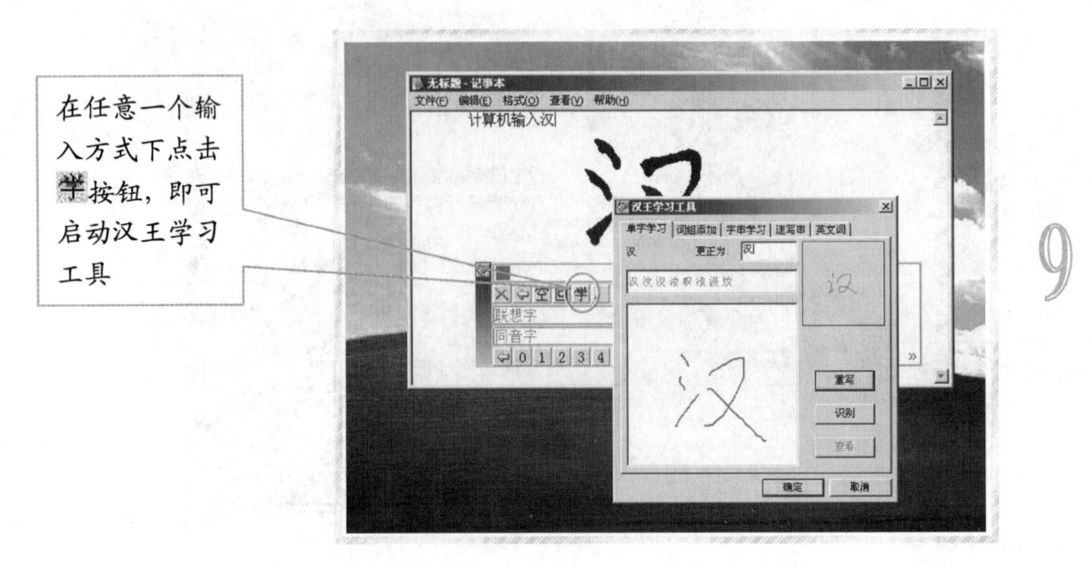

下面我们进行用户学习功能的介绍。为了进一步提高识别率，系统提供了“智慧学习”和“用户学习”功能。

智慧学习：当书写过程中识别有误，用户可以从候选字中选择实际想输入的文字，系统就会自动将候选字信息记录下来，以免下次识别再出错。此功能需要在系统设置窗口内启用“智慧学习”。

用户学习：如果由于用户的笔迹或写法特殊，候选字中没有正确的识别结果，可以使用“用户学习”功能，如图 9 所示，系统将显示图中所示的“汉王学习工具”对话框。在书写框中工整地重写该字，点【识别】按钮，选择正确的识别结果输入到“更正为”栏中，系统就将右上方用户的笔迹与更正的字进行学习，以后系统就可以识别你的这种书写笔迹了。

“用户词组添加”功能也是非常实用的工具，你可以在图 10 所示的窗口内方便地添加各种自定义词汇或是专业词组，以提高输入效率和系统的识别率。以后你只需要写出这个词组的第一个字，就可以在词组联想区中调出整个专业词组，怎么样，是不是很方便呢？

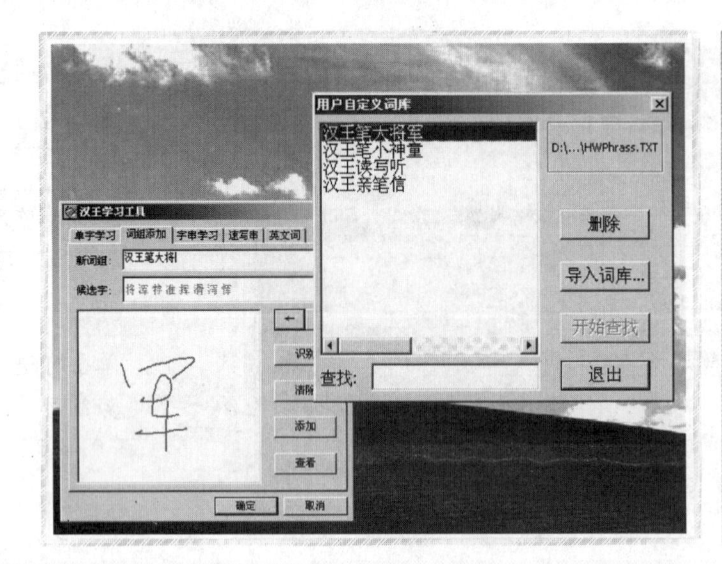

提示与说明

除了手动添加和删除自定义词库外，你还可以选择“导入词库”，从 txt 记事本文件中导入大量词汇，组成属于你自己的个性词汇。

汉王实用工具介绍

除了强大的手写识别能力和智慧学习能力，汉王软件还提供了一系列实用的小工具，作为你工作、学习和娱乐中的小助手。在第一章安装过程中可以选择的实用工具有"阅读精灵"、"汉王事务通"、"摘抄高手"和"汉王亲笔精灵"等，我们简单介绍其中几种比较实用的工具。

"阅读精灵"能把文字内容转换成普通话发音，阅读出来，就像你的个人小书童一样。

展开【开始】菜单，运行你的汉王"小书童"——"汉王阅读精灵"

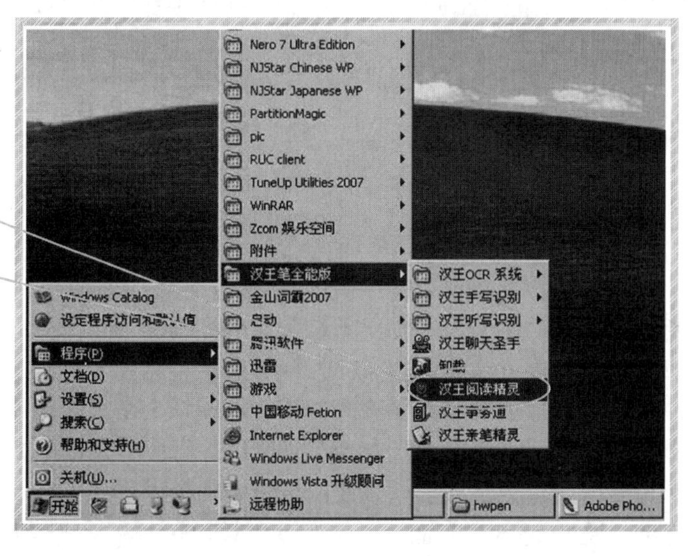

1

运行"汉王阅读精灵"后会发现屏幕上出现了一个可爱的小卡通人物，它就是这个小精灵。此时，用鼠标或是汉王笔取块选中要阅读的文字内容（见图 2），然后把光标移动到小精灵上，它就会开始把选中的文字内容用普通话（还可设置为广东话）朗读出来了。

右击小精灵，会弹出系统选单（见图 2 右下），可以停止和继续阅读，还可以选择朗读

2

提示与说明

单击"文件阅读"功能项，然后在弹出的打开文件对话框中选中 txt 文件，就可以在不打开该文本文件的情况下，朗读文件内容。

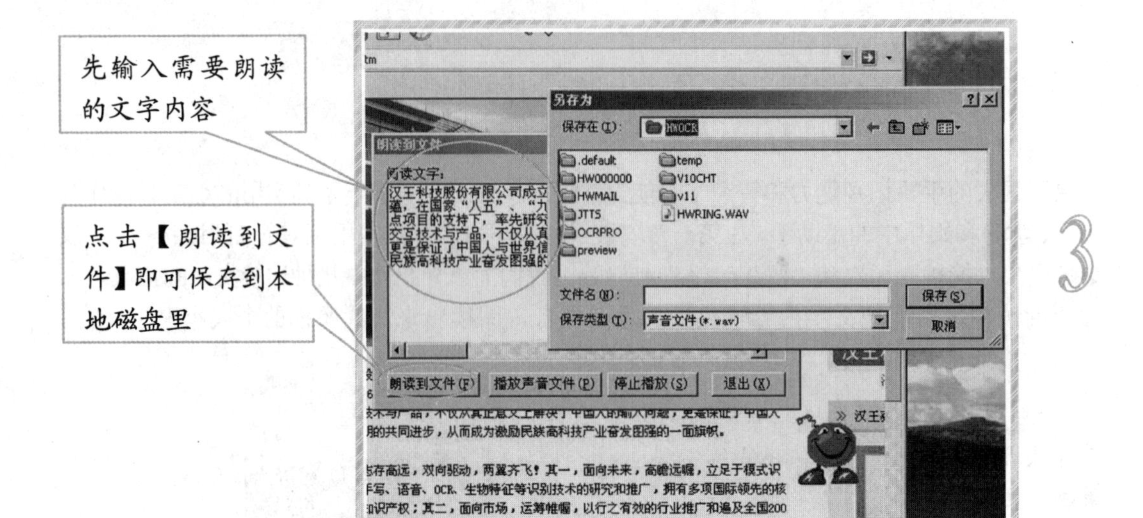

文本文件。

想不想把小书童阅读的声音内容保存起来放到MP3上，以后随时能听到呢？小精灵有这个功能！在系统选单中选择【阅读到文件】，在弹出的窗口中（见图3），输入或者粘贴需要朗读的文字内容，然后单击【朗读到文件】按钮，即可保存为一个wav声音文件。你还可点击【播放声音文件】播放刚才保存的声音文件，试试小精灵的朗读效果。

“汉王事务通”是基于手迹的个人办公工具软件，它能够使你的文件管理、工作计划、日程安排和日记留言等变得更加简单、方便，就像你的个人小秘书一样。

启动“汉王事务通”，进入主界面，工具栏按钮功能分别是：新建记录、编辑当前内容、用户管理、手写工具条、查找项目、删除所有已读记录、删除记录、设置提醒、设置密码、设置主题。

在事务通工具列表中，你可以选择日程、任务、便签、日记、文件箱、留言、回收箱等项目。进而通过创建、修改、删除等操作管理你的日常事务。

提示与说明

“汉王事务通”同样支持多用户系统（见图4），你可以为家人创建新用户，也可以为自己的账户设置密码，以保证私人信息和重要数据的安全。

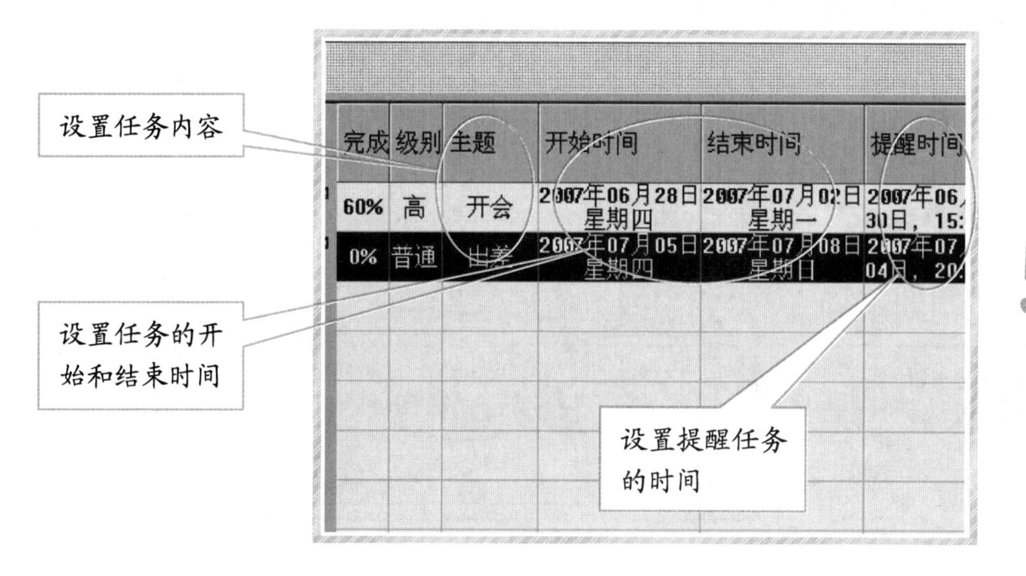

举例来说，图 5 所示的即为“任务”项目，它可以设定用户一定时间内的工作计划，有完成进度、任务内容、开始时间、结束时间、提醒时间等。到了指定时间，事务通就会弹出窗口、发出闹铃声音来提醒你别忘了重要的工作安排。怎么样？是不是很值得信赖呢？

如果你常常用电子邮件和远方的朋友客户交流信息，如果你喜欢用 MSN、QQ 和朋友同事聊天，想不想使 Outlook、MSN 和 QQ 拥有你自己的笔迹呢？汉王“亲笔精灵”就能够增加亲笔手迹书写功能，让你的朋友能收到你亲手书写的邮件和信息。

在 Outlook 中亲笔邮件的实现方法如下：

1. 打开“亲笔精灵”，点击【设置】，选择所用邮件软件是 Outlook，还是 Outlook Express（现在大家常用的都是 Outlook Express 了）；
2. 选择【写新邮件】，即可运行邮件软件，在图标菜单处点击“汉王笔”工具图标，即可启动“亲笔精灵”控件，这样就能在窗口中随意书写啦。见图 6 所示。

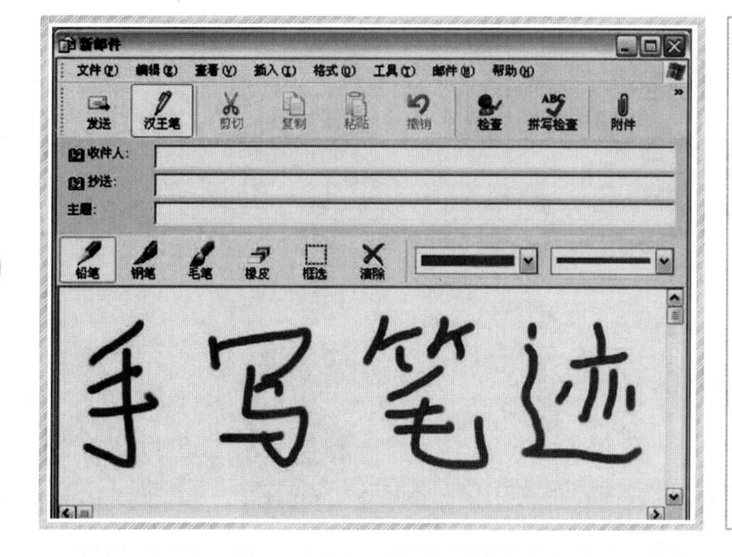

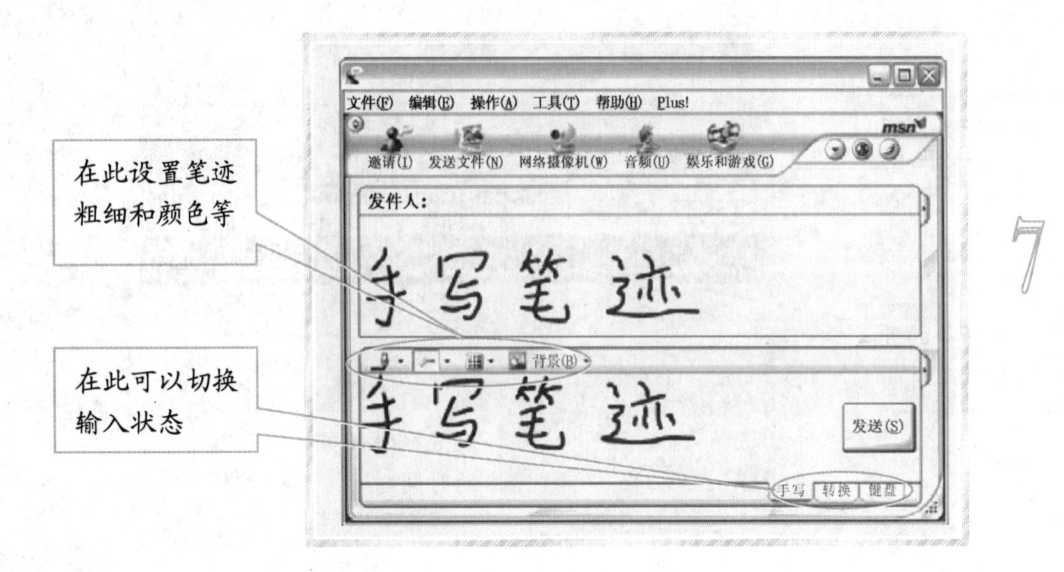

用 MSN 亲笔聊天的实现方法如下：

启动 MSN，在聊天界面的下方就会出现手写选项设置，你可以调节笔迹粗细，橡皮擦大小和笔迹颜色。完成后即可发送笔迹消息了。（见图 7 所示）

用 QQ 亲笔聊天的实现方法如下：

启动 QQ，在聊天窗口中会看到手写选项，点击此【汉王亲笔 Q】按钮，界面就转化为可以手写和绘图的窗口啦，这样就能和好友进行笔迹聊天了。（见图 8 所示）

汉王软件包里还有“聊天圣手”、“摘抄高手”等实用软件，限于篇幅，我们就不一一介绍了。如果大家感兴趣，可以参阅说明书自己尝试使用并掌握它们，相信一定能成为你工作、学习和娱乐的好帮手的。

下一节我们将介绍一些按键功能和手写板的维护事项。

按键说明和维护事项

介绍了这么多输入方式和工具，恐怕你一下子难以熟练掌握和运用，这是很正常的，所谓熟能生巧，多加练习和适应，相信你就能运笔如飞，快速输入了。在此基础上，我们介绍一下手写笔上的其他按键和功能，让汉王笔不仅能写字，还能代替鼠标操作电脑。

首先，日常使用鼠标主要有左键、右键、双击、移动定位和拖动等几个基本操作。

我们常用的鼠标和汉王笔，你想过后者能完全替代前者操作计算机吗?

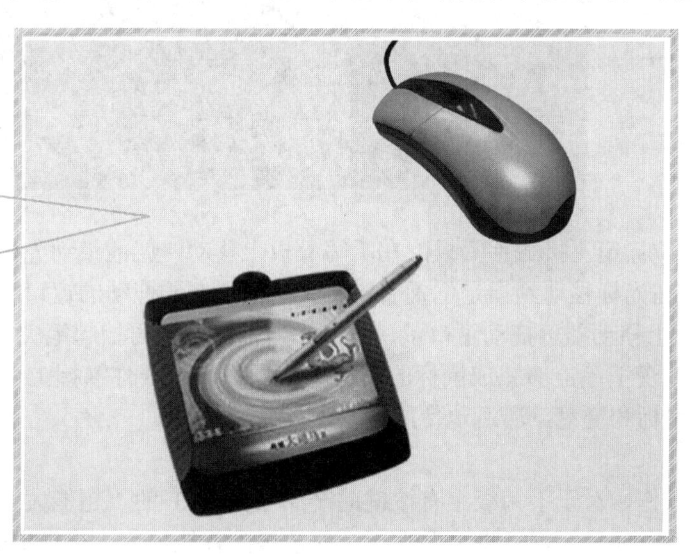

1

要想用汉王笔取代鼠标，就要让汉王笔实现这几个基本操作，方法如下：

- 左键：笔尖轻轻点到手写板版面上即为鼠标左键。
- 右键：笔杆上的按钮（见图 2）就是鼠标右键。
- 双击：移动光标到所需双击位置，用笔尖快速地触压两下手写板即是双击了。

2

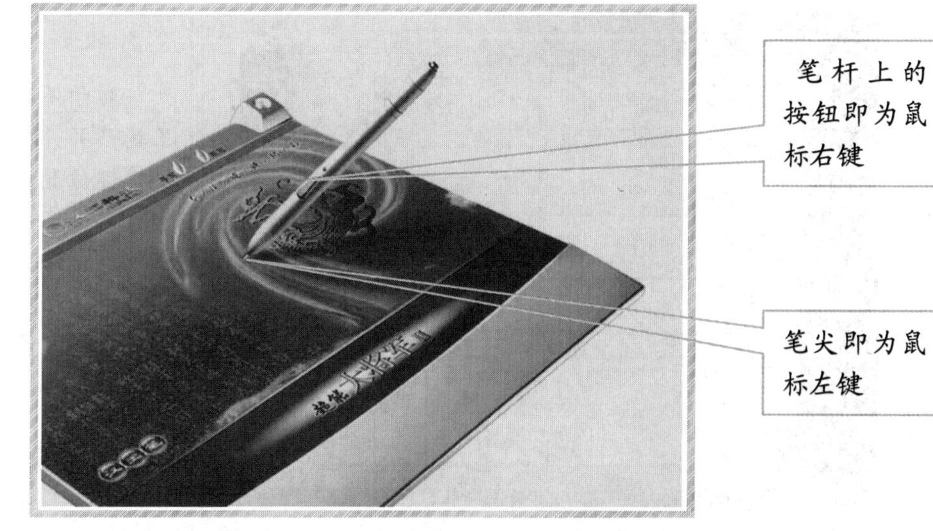

● 移动定位：笔不接触手写板，在手写板板上移动，就能带动光标移动了。

● 拖动：在光标移动到指定位置后，用汉王笔点在要拖动的窗口上，不抬起笔尖，在手写板上移动即可拖动窗口了，直到你所需的位置再抬起笔尖即可。

由此可见，汉王笔能够完成鼠标的所有基本操作，只要你掌握上述要点，并且练习熟练，就能抛开鼠标和键盘，潇洒地使用电脑啦。

除了基本操作，对于手写板上有按键的产品（见图 3 的“超能大将军”），汉王软件还提供快捷键功能，你只需轻轻按下手写板上的按键，就能快速运行指定的常用软件或程序。

点击屏幕右下角的HOT快捷按钮，就会弹出“自定义”窗口（见图 4）。“超能大将军”的三个键分别默认启动“汉王亲笔信”、“汉王手写窗口”和“汉王听写窗口”。我们可以在这些窗口中更改：选定一个键（1、2 或 3），点击【浏览】，然后指定所需的工具文件（后缀为 exe），那么此键就成为该工具的快捷按钮了。下次想运行它，只需按钮一按，就能马上

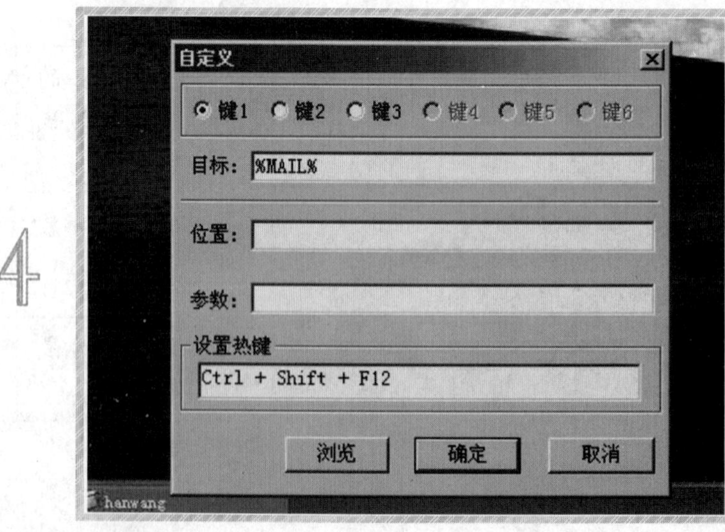

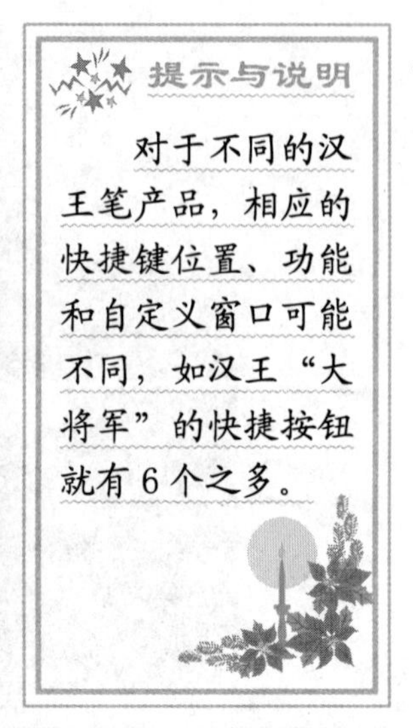

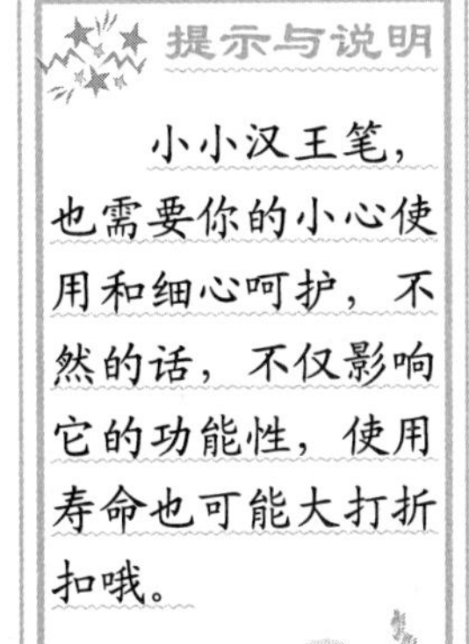

5

运行它了。

好了，对于汉王手写的介绍终于到了尾声。神奇的汉王笔，让咱们抛开了输入法的限制，像平时写字一样在电脑上随意输入文字，可谓功劳卓著。你可别把汉王笔当做普通的圆珠笔一样对待了，作为电子产品，汉王笔同样需要你的爱护和维护，否则，它写不出字、提前退休可就让你多花银子哦！

汉王笔维护需注意下面几点：

- 更换笔尖。汉王笔的笔尖是易耗品，买来的产品包装里就提供有备用笔尖。在笔尖完全写秃之前，需要更换笔尖。更换方法是：用夹子夹住笔尖并用力拔出，然后将新笔尖插入笔里。
- 更换电池。如果你购买的汉王笔产品是无线带电池的，可要注意了，若发现手写笔的感应高度明显降低、光标反应迟钝、光标抖动甚至不能书写的时候，说明电池快没电了，需要赶紧更换电池。
- 其他注意事项。请不要将手写板放在铁、铝合金等金属桌面上使用。另外，由于显示器电磁干扰的原因，使用汉王笔时也不要离显示器太近。

至此，对于手写输入方法的介绍就告一段落，其实汉王笔还有很多实用功能和小秘诀，限于篇幅，这里就不一一介绍了。感兴趣的朋友可以查阅产品包装里的说明书，自己摸索、发掘和体会。相信你一定能成为轻松手写的高手！

第3章 出口成章，IBM 语音输入

本章要点

- ☑ 了解和安装 ViaVoice
- ☑ 设定麦克风和建立语音模型
- ☑ ViaVoice 的听写魅力
- ☑ 语音中心介绍
- ☑ 听写到 Word
- ☑ 指令列表，“说什么好呢？”

科技的进步和人们的生活息息相关，每一次重大技术的革命，都给人们的生活模式带来了翻天覆地的变化。输入输出方法作为计算机领域的一个重要分支，当然也在不断地发展革新。

这不，刚刚才介绍完手写输入，让咱们偷偷懒，不用敲键盘了。现在又要介绍给大家更加先进的输入方式——语音识别系统。不用说，这下更绝了，连笔都不用拿，直接动动嘴就成了。你说它听，就能执行操作，实现文字输入。是不是比手写输入更加神奇呢？从这一章开始，我们就来介绍语音识别系统，首先从 IBM 的成熟产品 ViaVoice 开始。你想做个语音指令官，出口成章，对电脑发号施令吗？这就跟我来吧！

了解和安装 ViaVoice

国际商业机器公司—— IBM，不仅是 PC 硬件的大型厂商，而且不断地开发了各种各样的实用软件，ViaVoice 就是其中一个。目前此产品已经出到第 10 版："Release10 欢乐颂"，是一个很成熟的软件产品，广泛运用于各类商业、家庭计算机应用中。笔者就将以这个版本的软件（见图 1）为例，向大家介绍语音识别系统的安装、设置和使用。

作为 IBM 公司的成熟产品，ViaVoice 已经出到第 10 版

1

好了，我们这就开始。拿到产品，你可得做好准备，IBM ViaVoice 即将改变你使用电脑的方式，让你用语音来听写文字甚至控制电脑。想象一下此刻你正坐在电脑旁边，编写一封给朋友的邮件。对着话筒说到"听写到语音板"，当 ViaVoice 的文书编辑软件启动后，你就可以用口述的方法来编写这封邮件了（见图 2）。

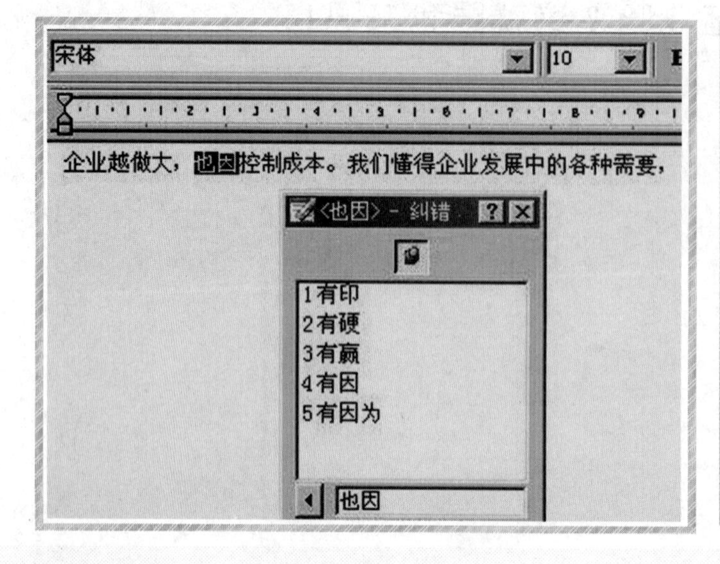

2

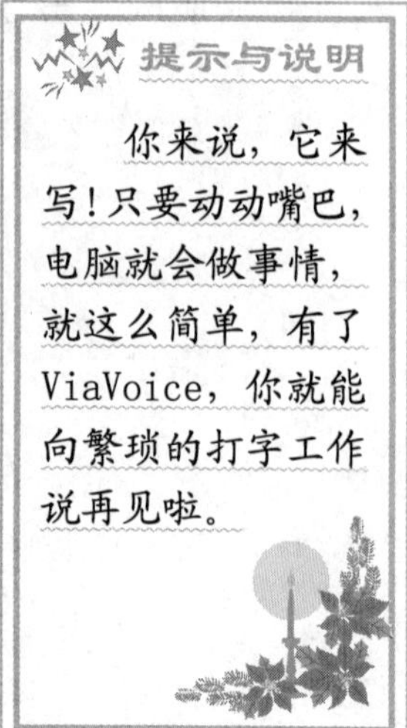

提示与说明

你来说，它来写！只要动动嘴巴，电脑就会做事情，就这么简单，有了 ViaVoice，你就能向繁琐的打字工作说再见啦。

心动不如行动。我们这就放入安装光盘开始安装：

1. 一般读取光盘后，安装程序会自动运行，如果没有，你可以选择【我的电脑】|【DVD/CD 驱动器】，双击运行 setup；
2. 安装程序启动后即出现图 3 所示的图像，耐心等待进度条读到 100%，就会进入有 IBM 特色的深蓝色背景的安装界面了；
3. 首先出现的是“停止杀毒软件警告”窗口，为确保安装顺利，这时你应该关闭杀毒软件，然后点击【继续】；
4. 在“欢迎”窗口中点击【下一步】，出现“软件许可协议”，点击【接受】；
5. 出现“使用者信息”窗口（见图 4），输入你的用户名称和单位名称，即可点击【下一步】了；

（注：笔者使用的软件版本和你所购买的可能不同，导致界面和文字描述有所区别，但主要步骤和基本内容应该是一致的。）

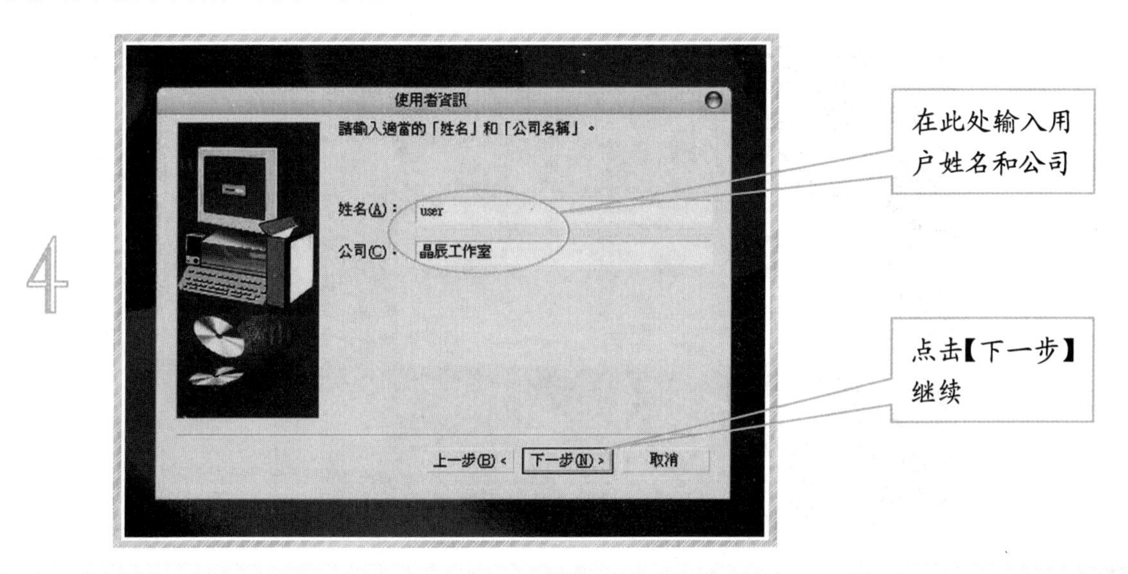

提示与说明

IBM ViaVoice 10要求510MB的硬盘空间，如果你的C盘空间不够，可以点击【浏览】选择其他目录下的文件夹来安装。

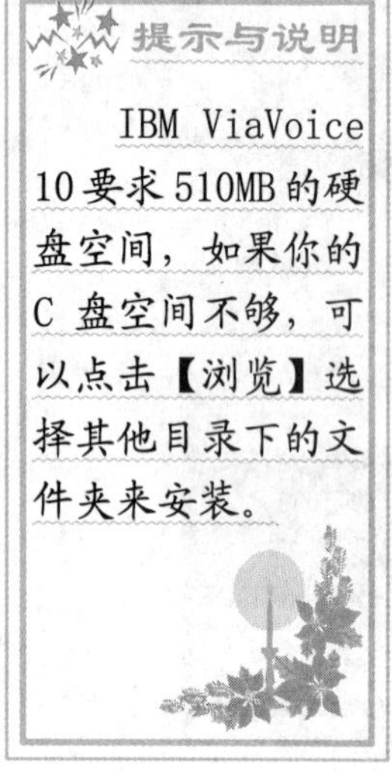

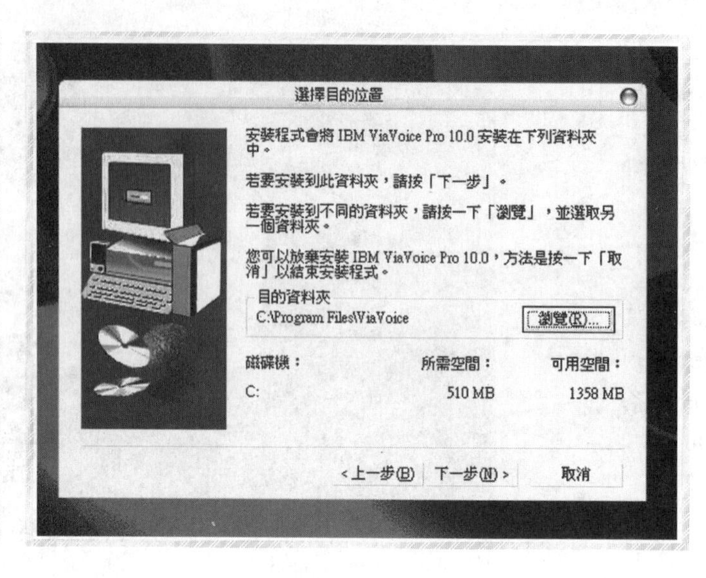

5

6. 见图5所示，接下来出现了和一般软件安装类似的窗口，选择安装路径和快捷方式的位置。点击【下一步】；
7. 出现"安装选项"的窗口，主要有三个选项，分别是"自动启动语音中心"（使Windows启动时，ViaVoice可以自动运行）、"安装Adobe Acrobat"（如果你电脑中本没有这个软件，那么需要安装它才能阅读电子说明书）和"执行产品注册"（网上注册该产品，方便IBM以后能将产品相关的信息发送给你）。根据你的个人需要选择完成后，点击【下一步】；
8. 等待软件所需的各类文件复制和安装完成后，即会出现图6所示的窗口。提示你重新启动电脑。请保存好你其他的工作数据和信息，因为一旦点击【确定】，电脑就会自动重启了；

（注：作为一个大型的实用软件，IBM ViaVoice不仅对硬盘空间要求不小，而且安装过程也比较繁琐，大家请耐心按照本章所述的，一步一步完成。）

6

提示与说明

点击【确定】前请务必保存其他的工作数据，如文档、画图软件、编辑软件等。否则重启就会全部丢失。

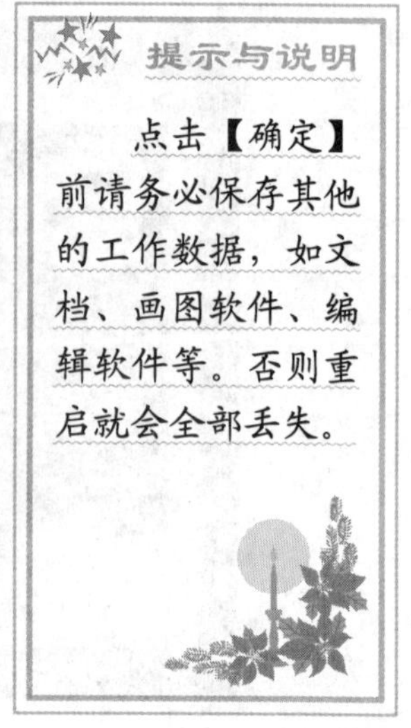

安装过程中，ViaVoice 会提供一些对软件的大致介绍和功能提示，以帮助你尽快熟悉这个软件

7

9. 重新启动电脑以后，安装程序会自动运行，完成余下的步骤。这个时候，你可以阅读屏幕中间出现的温馨提示，可以对该软件有个基本了解和初步认识；
10. 最终，程序提示“安装完成”，你可以选中“启动 IBM ViaVoice 10.0 语音中心”和“检查软件更新”这两个选项，并且点击【完成】按钮，如图 8 所示。

建议你先选中“检查软件更新”而不要选中“启动 IBM ViaVoice 10.0 语音中心”，并且保证电脑上网正常，这样，可以让软件先自动在 IBM 服务器上寻找更新程序，完成更新以后，再启动 ViaVoice。

至此，IBM ViaVoice 就已经成功安装到你电脑里了。下一节我们将从麦克风和音效设定开始，逐步介绍用户语音模型的建立，以及软件的配置、操作和使用。

对了，在运行 ViaVoice 之前，先准备好一个质量较好且备有麦克风的耳麦，或是其他能听能录的音效设备，并且保证周围环境安静不嘈杂，这样才能保证语音辨识效果良好。好了，我们下一节再见吧！

8

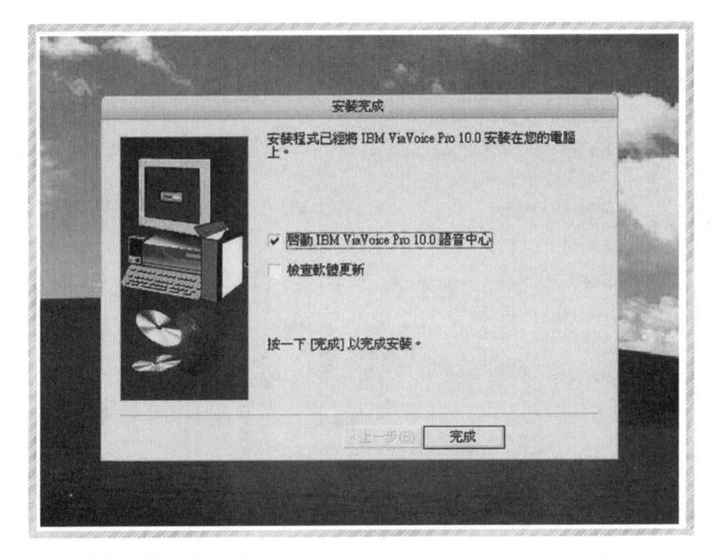

设定麦克风和建立语音模型

当然，想要对电脑发号施令，先得让 ViaVoice 听到你说话才行，麦克风就是这个关键的传话筒。首先，ViaVoice 就将协助你设定好你的麦克风。

第一次运行 ViaVoice，我们就会看到图 1 所示的“小铅笔”卡通出来欢迎我们，赶紧来认识一下吧，它叫“小精灵”，会一直协助我们使用这个软件，是个相当可靠的伙伴哦！

1

建议你耐心听完“小精灵”的讲解，这样对整个麦克风设定和语音模型建立过程会有个大致的了解。随后出现图 2 所示的窗口，开始设定吧！

1. 如图 2 所示，设定窗口首先显示了你开始安装所填写的使用者名称，以及相关配置信息，包括“装置”、“语音模型”和你所安装软件的版本“语言”；

2

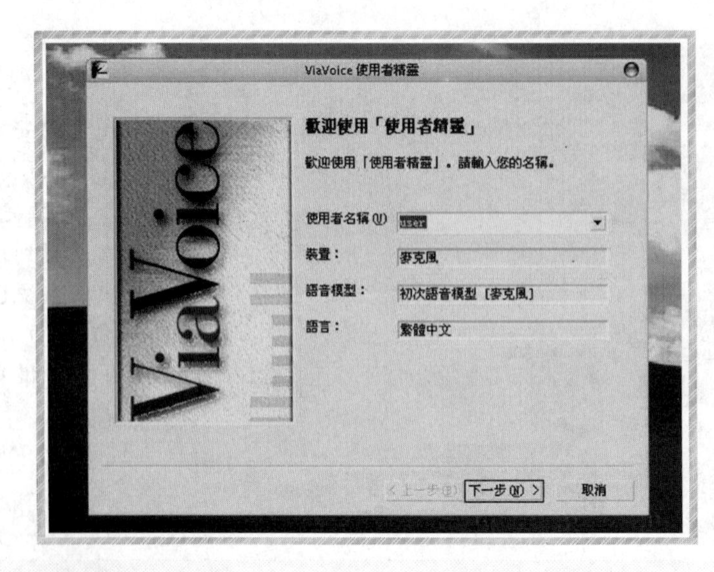

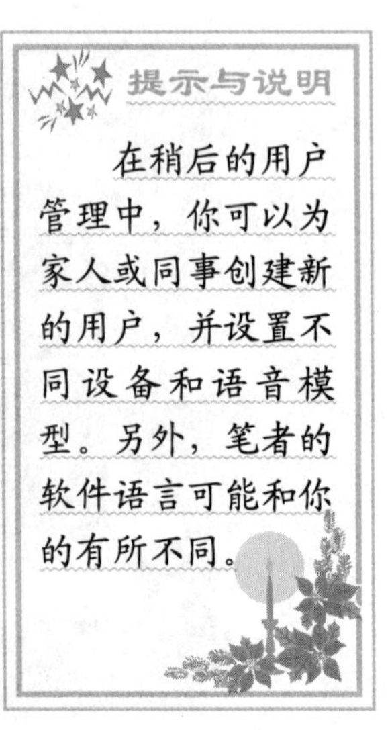

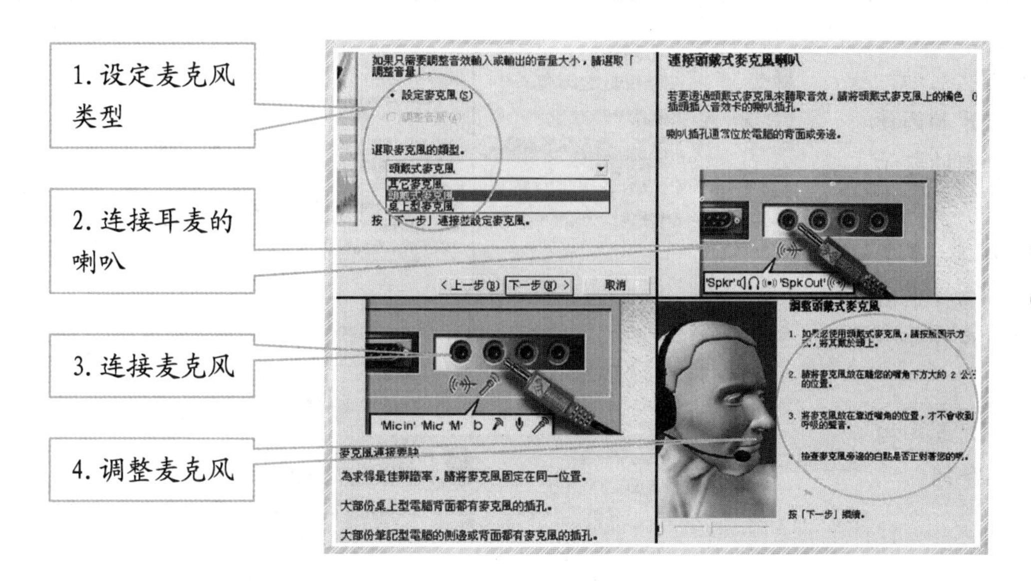

2. 按图 3 所示步骤分别设定麦克风和音效设备的类型（笔者使用的是头戴式耳麦），连接音效设备的喇叭，连接麦克风，最后调整（头戴式）麦克风靠近嘴巴的距离和方位。如果你采用的设备是桌面音箱、话筒等其他类型的音效设备，设定过程会有所不同。不过请放心，从图 2 中我们可以看出 ViaVoice 的设定界面非常简单易懂，还提供了各种连接和设定的小要诀呢；
3. 连接并调整完成后，就要测试并调整喇叭的音量了。见图 4 所示，首先软件会播放一段音乐，你可以根据听到的感觉来调整喇叭音量大小；
4. 点击【下一步】，出现麦克风音量调整，点击【启动】来测试麦克风的音质和音量。这时开始对着麦克风朗读方框内的句子，一般不等你读完，系统就能分析出你的麦克风当前的状况了。如果结果不佳，你就要检查配置甚至考虑更换麦克风了。

（注：测试过程中别忘了在【音量控制】|【选项】|【高级控制】中把麦克风静音的选勾取消哦，以后使用 ViaVoice 可就离不开麦克风了。）

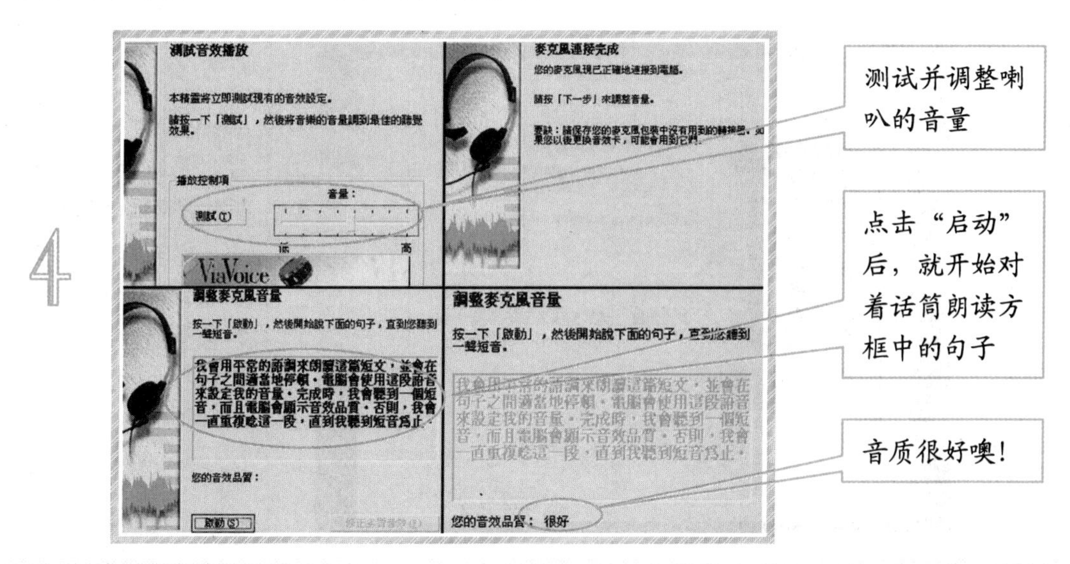

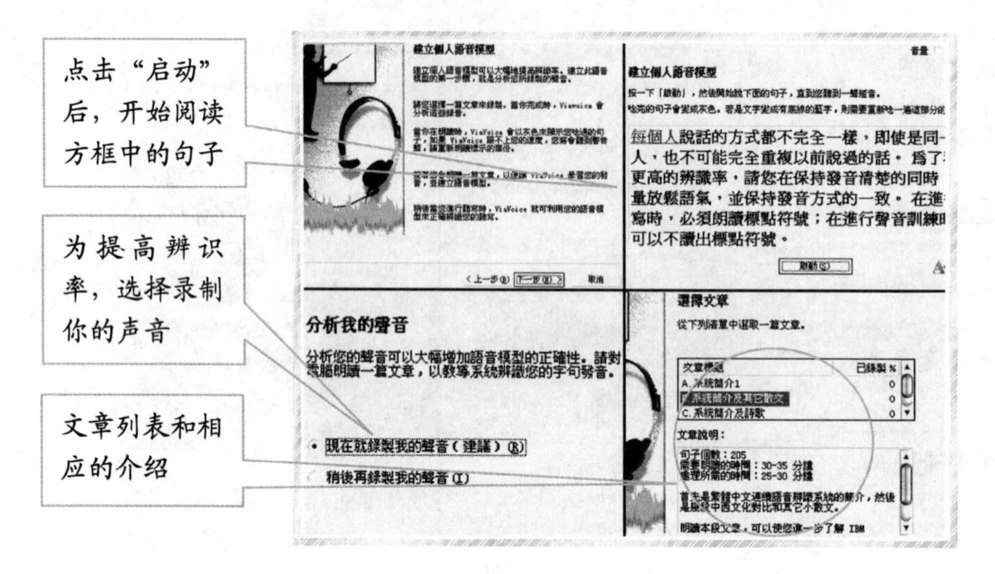

5

下面要进行的是最重要的建立语音模型过程。因为每个人说话的模式都不完全一样，男女之间的差别更大，即使是同一个人，也不可能以完全同样的模式重复以前说过的话，ViaVoice 之所以能分辨出你说出的句子和指令，就是通过建立你个人的语音模型才做到的，因此，这个步骤必不可少。

1. 见图 5 所示，点击【下一步】，即开始建立模型。点击【启动】，然后阅读方框中的句子，阅读完成后，系统就能生成符合你声音的语音模型，供以后辨识指令用；
2. 点击【下一步】，会问你是否“分析我的声音”，推荐选中“现在就录制我的声音”，然后点击【下一步】，如图 6 所示。因为这样可以更加完善语音模型，极大地提高辨识率；
3. 接下来的窗口会提示你选择一篇文章，有系统简介、散文、诗歌等等，文章介绍了句子数目、朗读时间、处理时间和内容简介等。建议选择系统简介的文章进行阅读，这样在完善语音模型的同时，还能让你快速地了解该软件的概况。当然，如果你所有文章都阅读一遍，最大限度地完善语音模型，那就最好不过了；

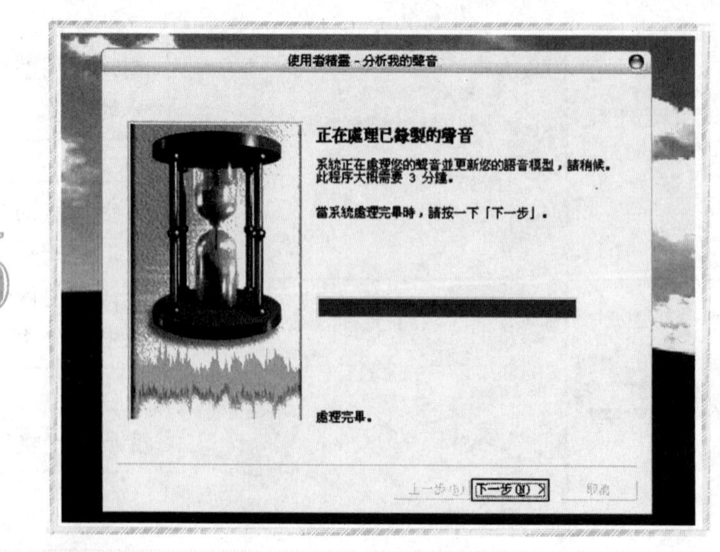

6

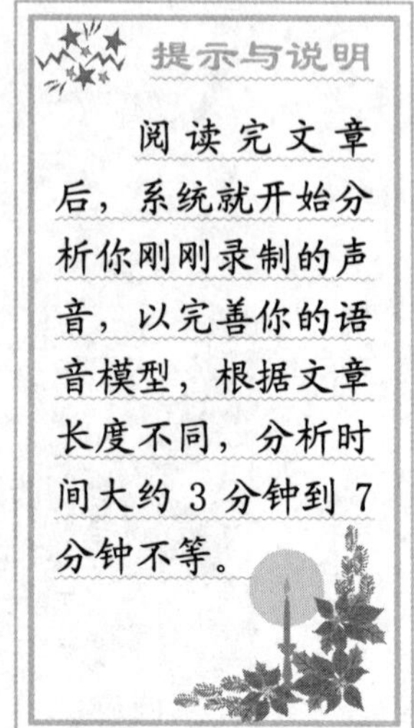

提示与说明

阅读完文章后，系统就开始分析你刚刚录制的声音，以完善你的语音模型，根据文章长度不同，分析时间大约 3 分钟到 7 分钟不等。

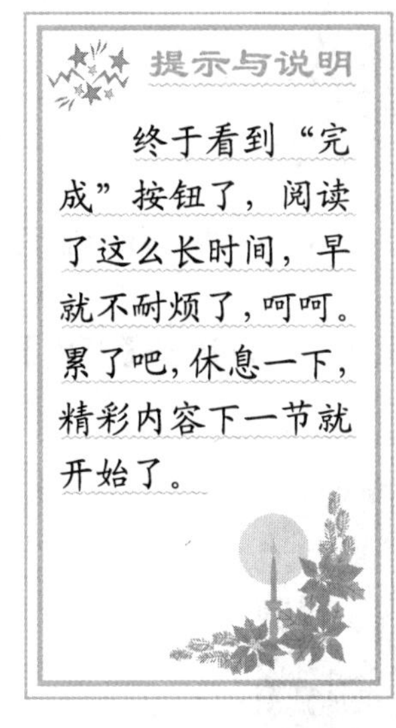

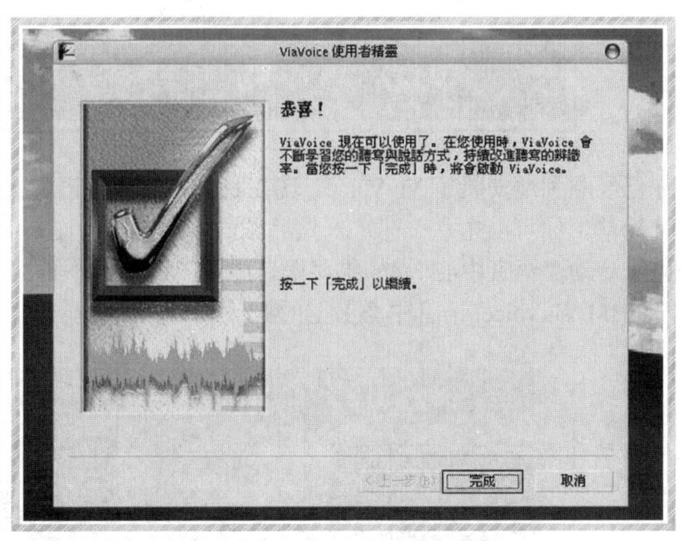

7

4. 分析完成以后，点击【下一步】，即能见到图 7 所示的完成画面，点击【完成】。总算大功告成了，有成就感吧？

在这里笔者简单介绍一些阅读和使用软件时的注意事项，希望对大家有帮助。

首先，在朗读时，注意发音尽可能地清楚，不要吞吞吐吐，同时尽量放松语气，并保持发音方式的一致，维持一个正常、均匀的说话速度。

其次，正如上一节所说的，希望你能够在比较安静的地方使用这个 ViaVoice，尽管使用麦克风可以过滤掉一部分噪音，可是太大的噪音仍然会严重影响辨识的结果。

第三点就是希望你每次使用 ViaVoice 都配备相同的麦克风和音效设备，不同的设备之间的差别会影响声音的品质，进而影响辨识结果。

最后，ViaVoice 为汉语中常用的标点符号名称作了约定，在你朗读句子和以后语音输入的过程中，要养成清晰准确地读出标点符号的习惯，帮助系统更好地辨识。（标点符号的约定请参见附录二）

磨了这么久的刀，该派上用场了吧？下一节你就要做个语音指令官了，做好心理准备哦！

ViaVoice 的听写魅力

恭喜你已经顺利地安装了 ViaVoice，现在我们正式开始语音输入。不要紧张，和电脑说话既有趣又简单。你可以先拿一杯水，然后跟着本节内容慢慢来。

我们先来启动“语音中心”，如果“语音中心”的图标不再桌面上，可以选择【开始】|【程序】|【IBM ViaVoice 语音中心】，如图 1 所示。

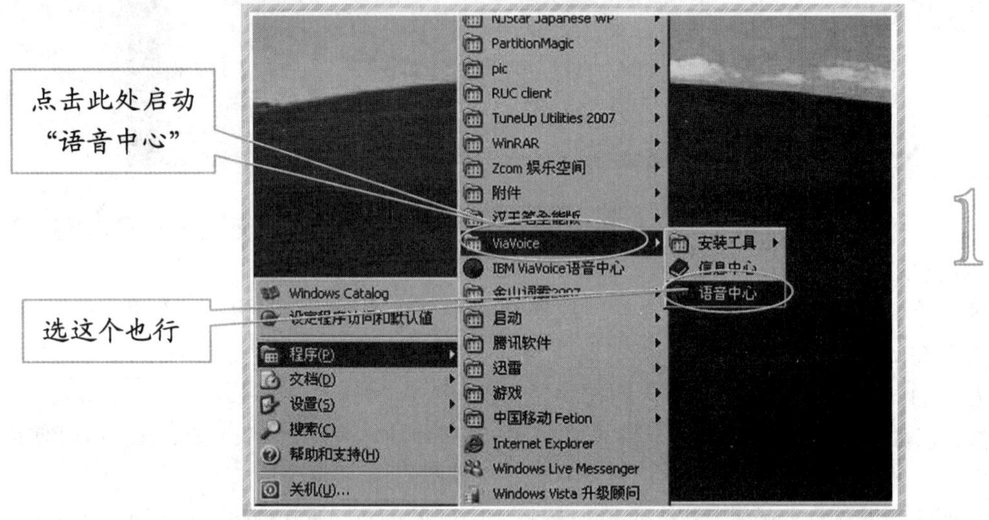

语音中心第一次启动时，“小精灵”又出来欢迎啦！（见图 2），听它介绍完基本操作，就可以开始操作“语音中心”了。可以看出，ViaVoice“语音中心”的界面非常简洁，最左边的 ViaVoice 按钮可以启动整个系统菜单；然后是 按钮用来启动和关闭你的麦克风，并显示音量大小；中间 正在啓動－請稍候… 显示当前状态；最后是用户和帮助信息。

3

我们首先启动以后常用的工具——语音板，你可以单击一下按钮，当它转变为的绿色图标时，表示你的麦克风已经打开，说出“听写到语音板”几个字，会发现系统很快辨识出来，并开始启动“语音板”工具。

如果你对语音输入还不太熟悉，也可以手动选择【ViaVoice 系统菜单】|【听写到】|【语音板】来启动“语音板”。 见图 3 所示。

这时，麦克风已经自动打开，“语音板”也已经准备妥当要辨识你的语音。你可以以一般说话的声音清楚地念出想输入的文字，文字就会出现在“语音板”窗口中，如图 4 所示。

恭喜你顺利完成了第一次听写！怎么样？说什么就出什么，非常神奇吧！刚开始可别忘了，要读出标点符号来噢。

听写完以后，你大概会发现出现的结果中包含一些错误吧，比如像图 5 中的。不过不用担心，由于这是第一次听写，文字中包含一些辨识错误，这是很正常的。辨识错误就是指 ViaVoice 对你所说的字产生错误理解的字。接下来我们就来学习如何更正这些辨识错误。

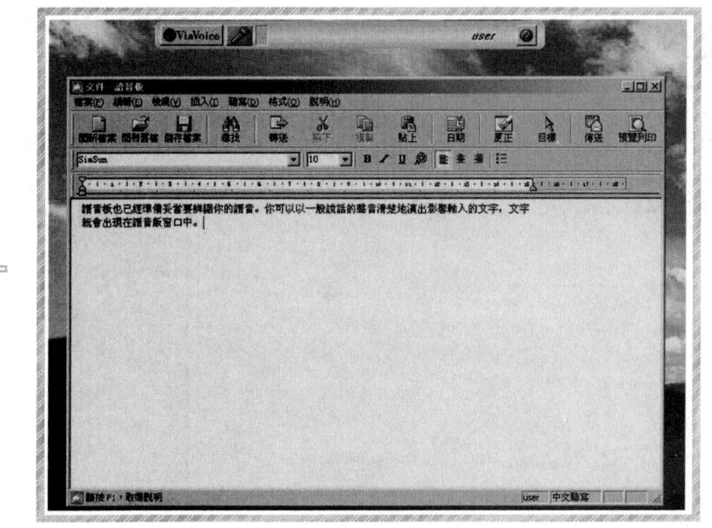

4

提示与说明

这是 ViaVoice 中的语音板，通过它，可以利用语音轻松输入文字。除了常用的编辑功能，它还能进行辨识错误更正。

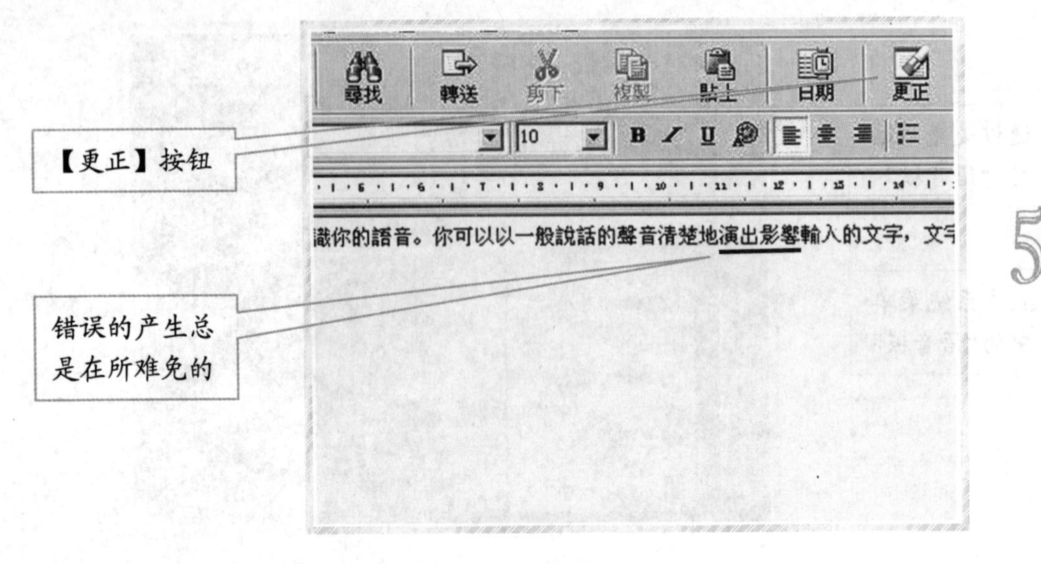

一般来说，发生辨识错误主要有以下几种原因：

1. 把一个字辨识成另外一个字，如把“乐”辨识成“热”，把“渴”辨识成“可”。
2. 把一个字辨识成几个字，如把“耳”辨识成“鹅儿”。
3. 几个字被辨识成一个字，如把“这样”辨识成“酱”。
4. 出现了你没有说的字，如把“我父亲”辨识成“我的父亲”。
5. 把指令辨识成文字，如你说的是“关闭麦克风”，结果指令没有执行，反而出现“关闭麦克风”几个字。

咬字含糊不清，停顿不恰当，说出 ViaVoice 不认识的字，脱口而出的口头语或发语词以及 ViaVoice 偶尔猜错，都会发生各种各样的错误。通过更正辨识错误，你可以教导 ViaVoice 认识更多你常用的字，时间长了，你会发现 ViaVoice 出现的错误越来越少，越来越可靠了。

更正辨识错误其实非常简单，更正之前，你可以尝试重新听写你要的文字，如果错误依旧，你应该按下述步骤进行更正。

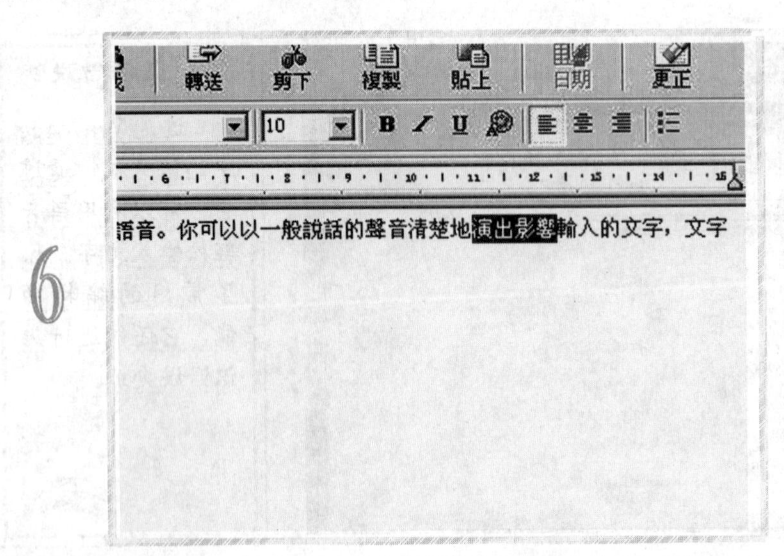

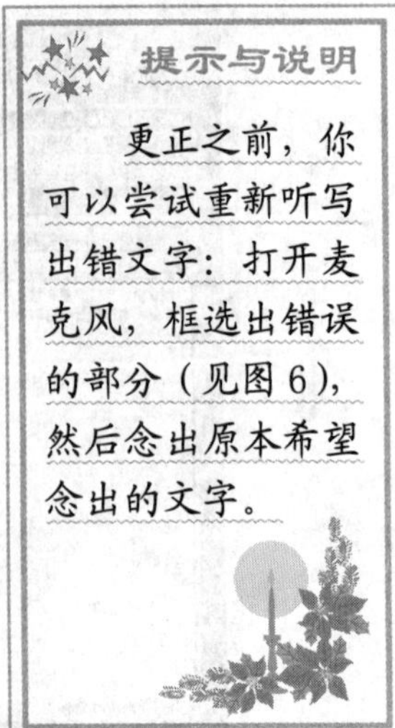

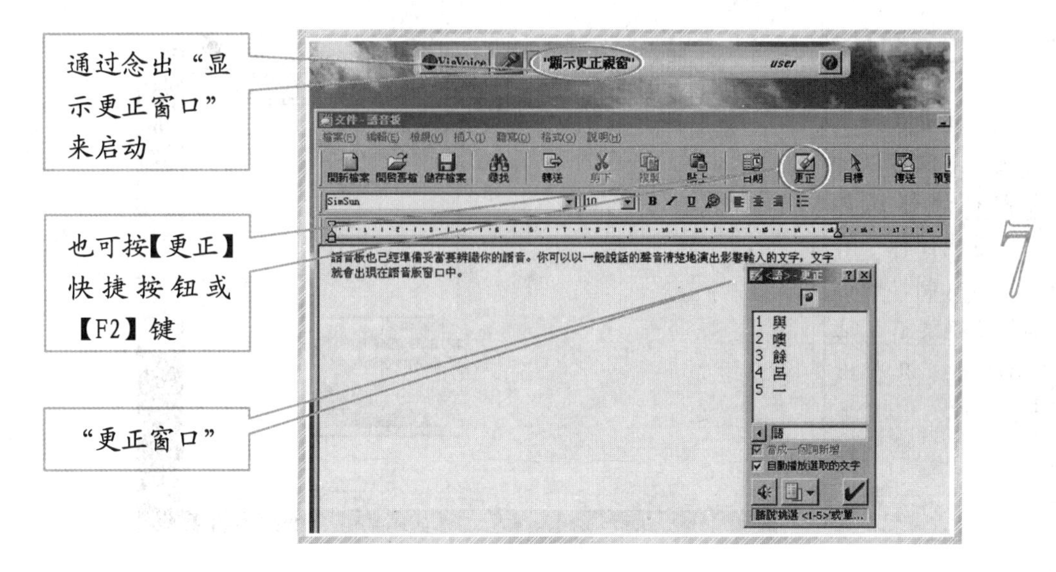

● 如果你想要将出错文字替换成正确的文字，可按如下步骤进行：

1. 打开麦克风（如果它已经关闭）；
2. 念出“显示更正视窗”，或按一下【F2】或点击工具栏的【更正】按钮。启动“更正窗口”，如图7所示；
3. 作为校对，把光标移动到文章开头，逐字浏览你的听写，寻找出现的错误；
4. 用鼠标框选出辨识错误的文字，这样这些文字会以高亮度显示出来。同时“更正窗口”里的内容会相应的变化，见图8所示；
5. 如果出错的文字在“更正窗口”中出现正确的字词，你可以说“选择n”（n是该正确的字词所对应的序号）来进行更正；
6. 如果正确字词没有出现在“更正窗口”中，用麦克风重新听写它。若这样无法更正错误，说“取消”，然后再重新听写。若这样可行，那么就完成了更正，可以处理下一个错误了。

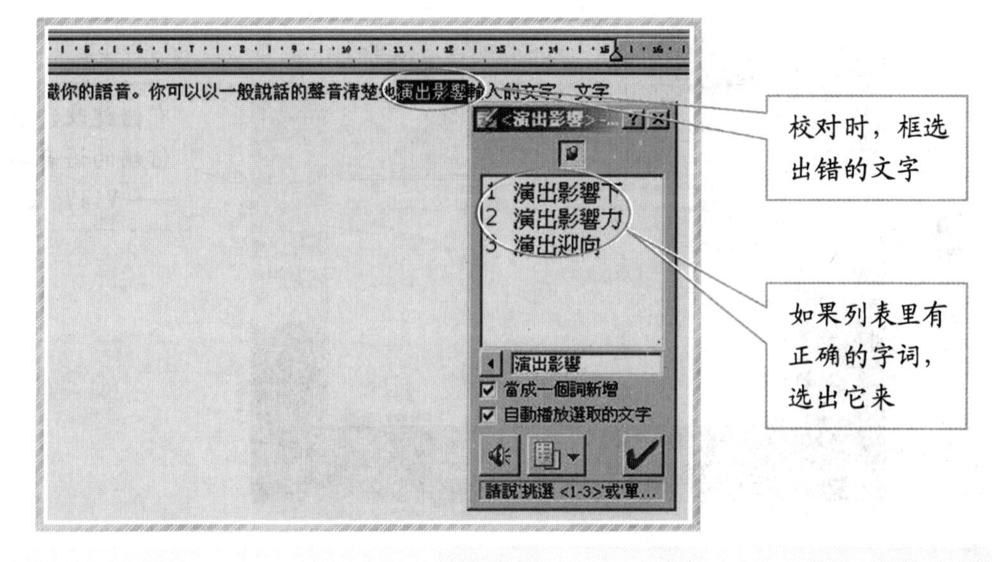

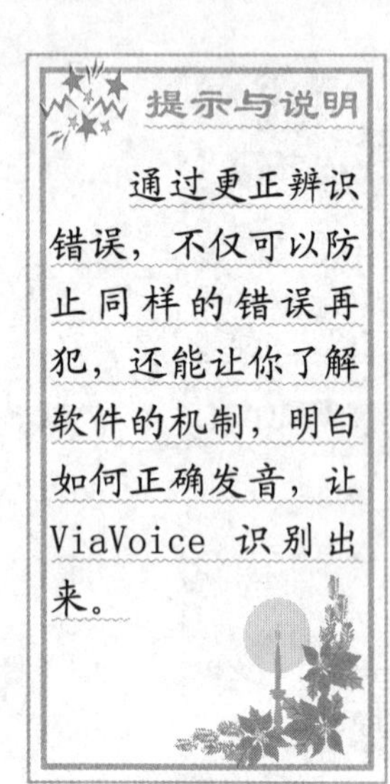

通过更正辨识错误，不仅可以防止同样的错误再犯，还能让你了解软件的机制，明白如何正确发音，让ViaVoice识别出来。

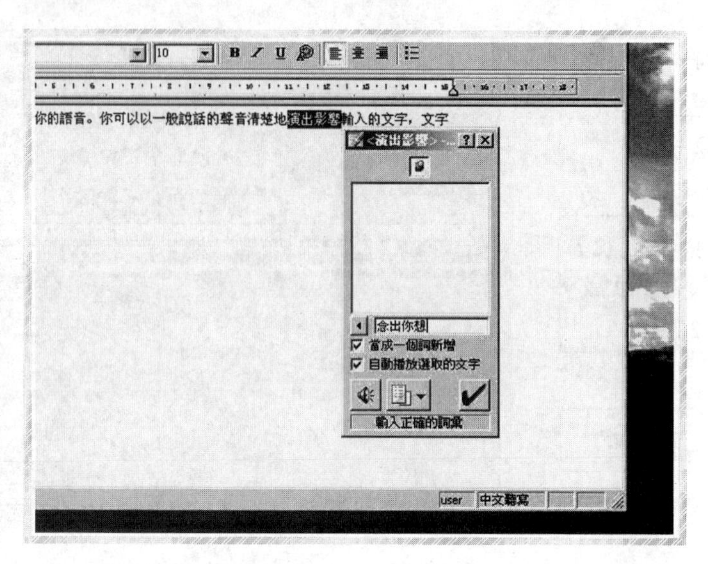

9

7. 如果始终无法通过听写更正，你也可以在窗口中的文字栏里输入正确的字，说“完成”或按【Enter】键，将正确文字输入到正文中。见图9所示。

● 如果你想要将出错文字删除，也就是说出现上述第2、4种错误，操作步骤为：

1. 打开麦克风（如果它已经关闭）。
2. 和刚才一样，说“显示更正视窗”或按一下【F2】或点击工具栏的【更正】按钮。启动“更正窗口”。
3. 选取多余的错误文字，说“删除”或按一下【Delete】键。

更正完辨识错误以后，关闭“更正窗口”，然后输入同样的文字（见图10），你会发现ViaVoice已经能够理解你说的话，不再犯相同的错误。通过这样的听写、改正、再听写，就像你在教导或是训练自己的宠物一样，时间一长，它就能成为你值得信赖的助手，圆满地完成你的听写任务。

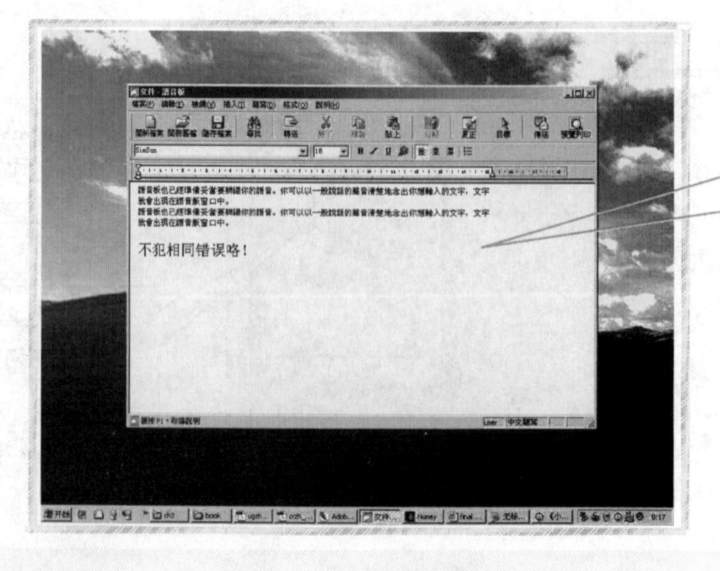

10

有错就改，值得信赖的语音助手——ViaVoice

语音中心介绍

体验了语音输入的魅力，一定很兴奋吧？这一节咱们还是静下心来，耐心熟悉一下“语音中心”。这是非常值得的，使用它，我们可以透过语言，与电脑产生互动。

选择【开始】|【程序】|【IBM ViaVoice 语音中心】，启动“语音中心”，这时，麦克风默认是关闭。见图1所示，“语音中心”会以浮动条的方式出现在桌面顶端。

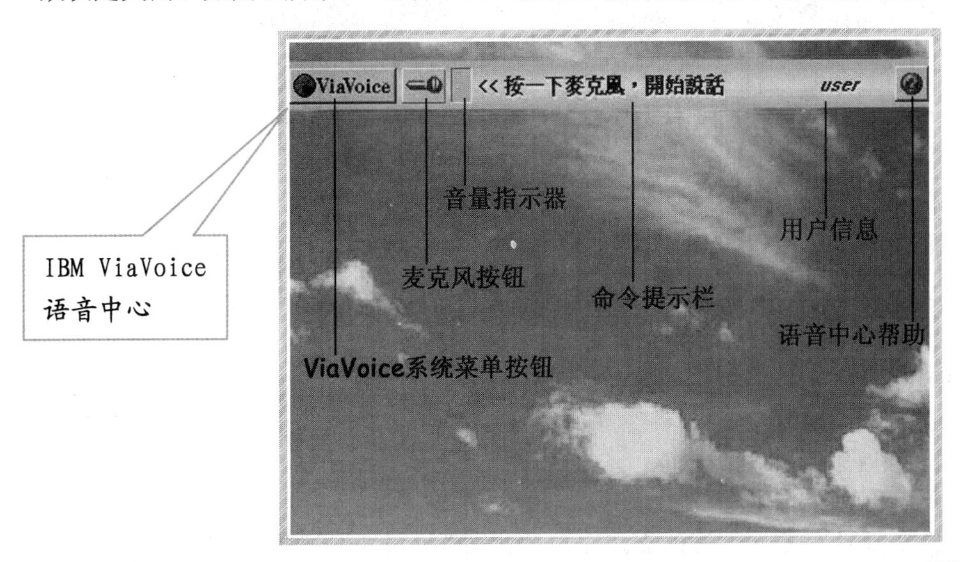

1

为麦克风按钮，此时显示麦克风关闭，按一下，可以启用麦克风；表示麦克风开启，你可以按此按钮或是说“关闭麦克风”来停用麦克风，也可以说“去睡觉”让其休眠；为睡眠状态，此时所有听写和指令都不起作用，只有说“快醒来”才能让其重新打开。音量指示器监测你说话的音量大小，深绿色声太小，红色声太大，绿色表示音量适宜。

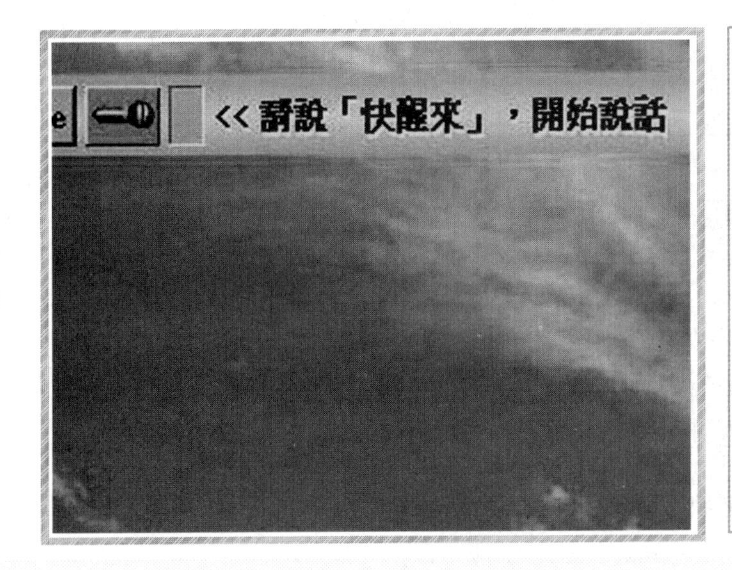

2

提示与说明

图2中，麦克风已经睡着了，所有指令和听写它都听不到。如果你想开始工作了，说“快醒来”把这个小懒虫叫醒吧。

提示与说明

系统菜单中大部分选项都可以用语音来点选，但是，刚开始使用时，你也可以使用鼠标，按图 3 所示方式选择它们。

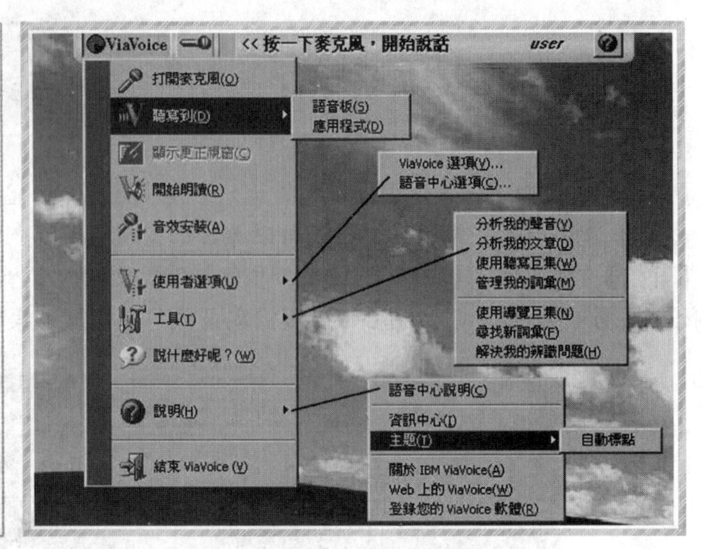

3

"聽寫到語音板" 显示的是 ViaVoice 辨识的最后一个指令，可以协助你决定下一步做什么。

user 当前用户名，由于不同的用户有自己的个人语音模型、词汇表和其他设置，所以当你工作前，请确认当前用户名为你自己设定的名字。

按钮能打开语音中心的帮助文档。

ViaVoice 按钮我们之所以放到最后介绍，是因为它内容最多，功能最强，其中还包含很多子项目，下面我们就来认识这个按钮。

1. “打开麦克风”：其作用不言而喻；
2. “听写到”：如果你想用语音建立文件，可以从“听写到”列表里选择一个听写程序，如“语音板”或“Word”（对 Word 的支持在下一节介绍）。你也可以用语音来控制，说“听写到语音板”或“听写到 Word”。那么语音板或 Word 将会马上运行（见图 4）。选择“听写到应用程式”或是说“直接听写”，那么接下来你说的话将直接听写到当前打开且激活的程序中，如 QQ 窗口、电子邮件编辑程序（见图 5）等；

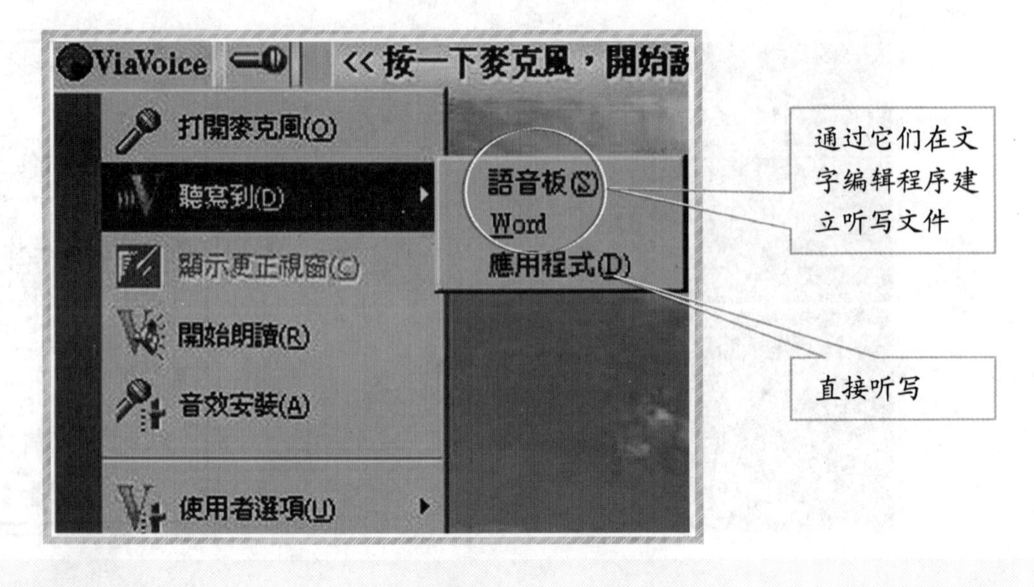

4

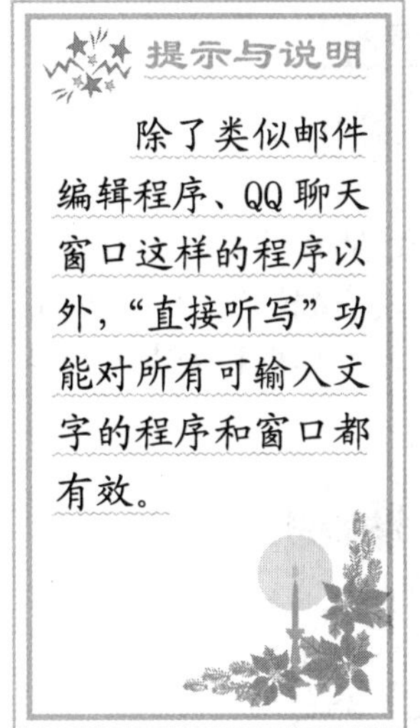

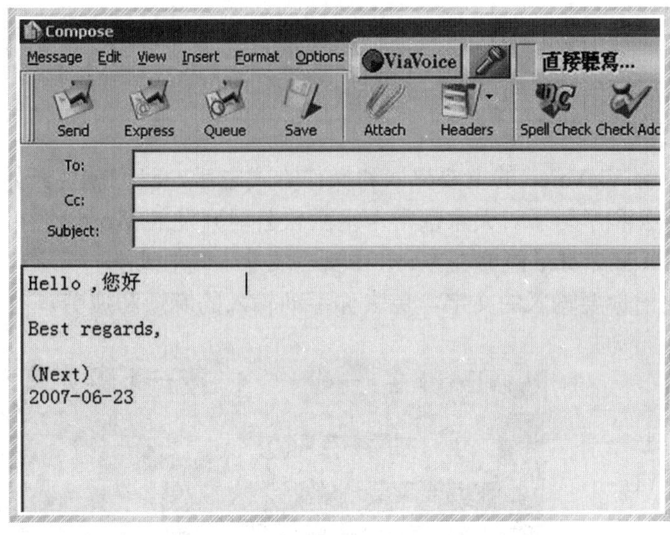

5

3. “显示更正视窗”：即我们上一节说的“更正窗口”；
4. “开始朗读”：点击此按钮或是说“开始朗读”，“小精灵”就会跑出来，阅读你在语音板或 Word 里听写的文字，协助你编辑和校对，如图 6 所示；
5. “音效安装”：即重新设定麦克风以适应新的环境或新的音效设备；
6. “使用者选项”：在这里，你可以通过“ViaVoice 选项”进行系统自定义和一些高级设置，也可以通过“语音中心选项”变更语音中心的外观界面；
7. “工具”：该列表中包括声音、文章的分析，词汇、巨集的管理，都是用于改善语音模型和用户词汇，提高文字辨识率的；
8. “说什么好呢？”：该功能非常重要，可以获取所有你可以在该软件中使用的指令，并且启用和停用其中的某些指令。我们在最后一节进行介绍；
9. “说明”：同上，可以获取 ViaVoice 的帮助信息；
10. “结束 ViaVoice”：这个功能不用我多说了吧。

6

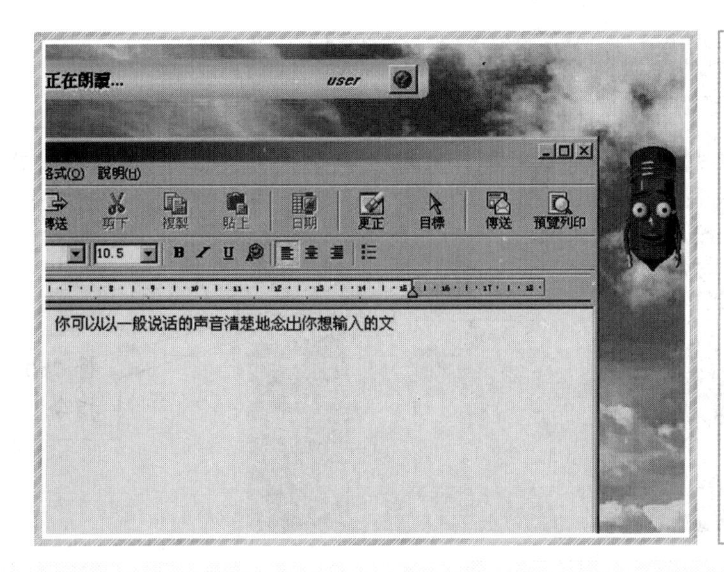

提示与说明

许久没见“小精灵”，是不是有点儿想它啦？在这里，“小精灵”将阅读听写板中的文字，协助我们校对编写好的文章。

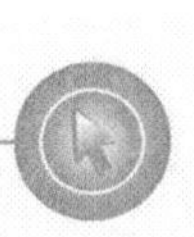

听写到 Word

基本了解 ViaVoice 的主要界面和操作方式之后，我们就要开始把 ViaVoice 的应用引向正题——办公和学习了。大家都常常用微软公司开发的 Word 软件，用它编辑文档、完成工作学习任务，ViaVoice 能够在 Word 中听写文字。现在沏好一壶茶，戴上耳机和麦克风，轻松随意地说出你要输入的文字，免去你手动输入的麻烦和疲劳。

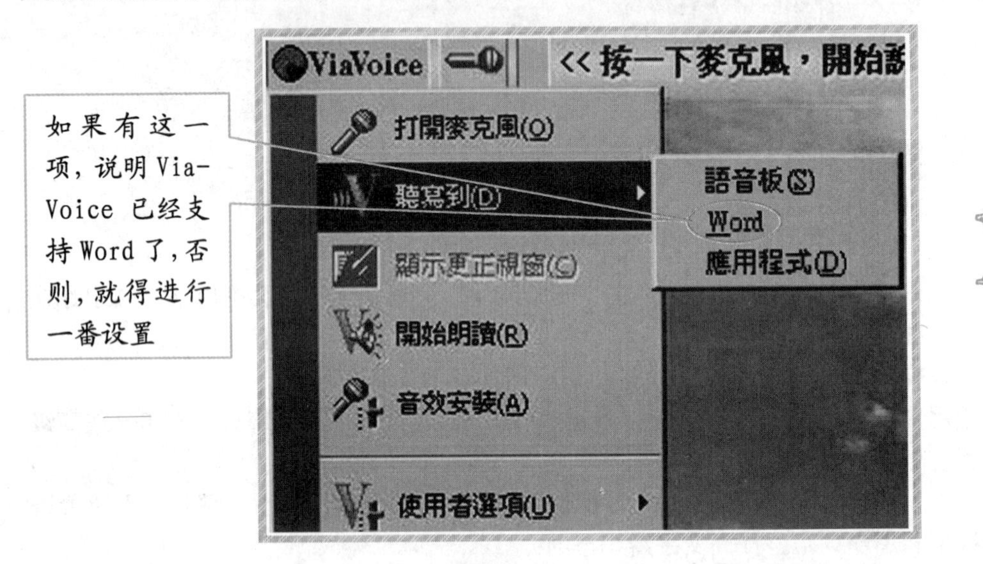

见图 1 所示，如果没有看到“听写到 Word”的选项，说明你的 ViaVoice 还没有开启对 Word 的支持。打开【ViaVoice 系统菜单】|【使用者选项】|【ViaVoice 选项】，在弹出的菜单栏中选择【指令集】|【指令】，将其中“Word 听写指令”前的方框选中（见图 2），按【确定】保存。然后退出 ViaVoice，再重新运行它，就会发现你的 ViaVoice 已经支持 Word 了。

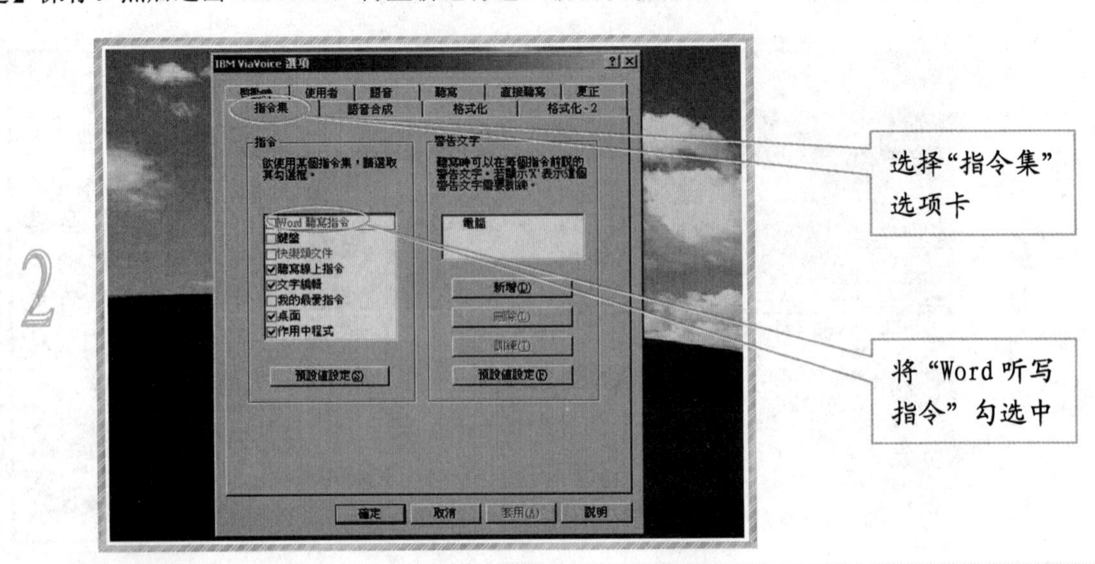

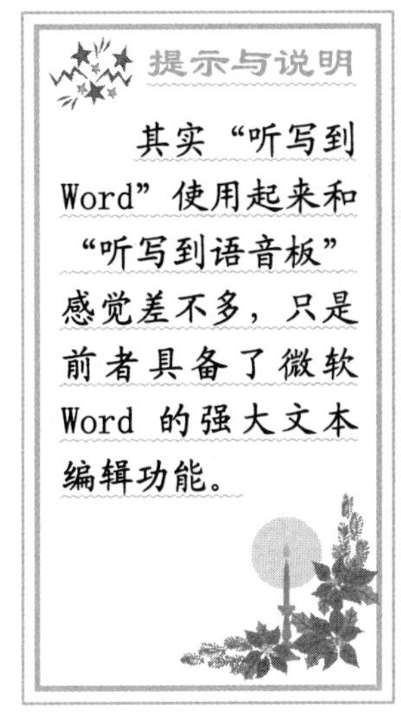

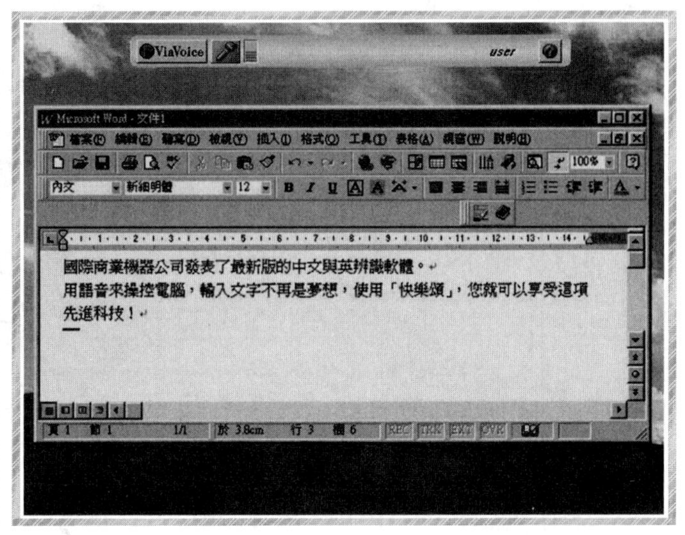

3

好了，下面我们开始在尝试“听写到 Word”吧。

运行“IBM ViaVoice 语音中心”，打开麦克风，说“听写到 Word”，这时 Word 文件的窗口应声就打开了。你可以尝试念一段文字，出现的结果应该和图 3 所示的类似。

在“听写到 Word”中，同样具备了和“听写到语音板”相同的功能，如更正辨识错误。仔细观察，你会发现，通过“听写到 Word”启动的 Word 窗口比以往多了几个按钮（见图 3），它们分别是：

1. 菜单栏上：“听写”菜单（见图 4），列表中有“显示更正窗口”、“建立听写巨集”，这个和“听写到语音板”的相同；“播放”可以播放你听写时说的语音；“转录”则是将语音文件转录为文字放到 Word 中；“听写选项”则是打开“ViaVoice”选项，并跳到“听写”选项卡。
2. 工具栏上：“显示更正视窗”按钮；
   “ViaVoice 说明”按钮。

4

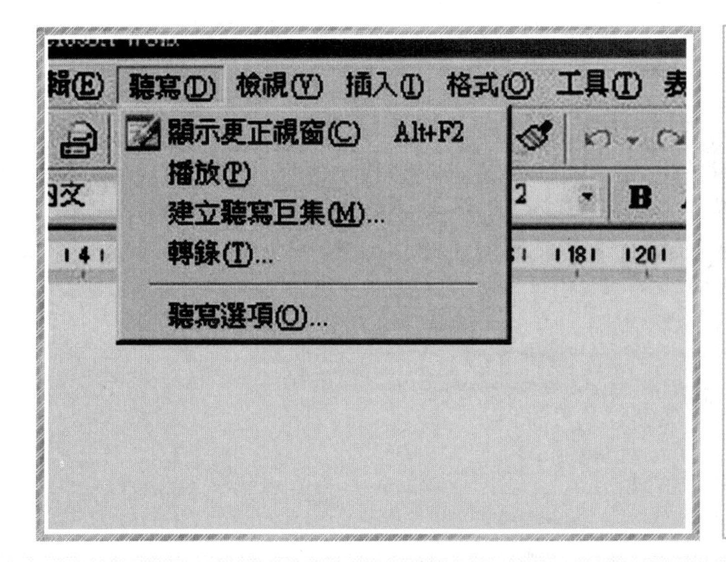

提示与说明

其实“听写到Word”不过是在你常用的Word编辑平台中加入了语音输入法而已，其他的功能，如域、表格和艺术字等，都不变。

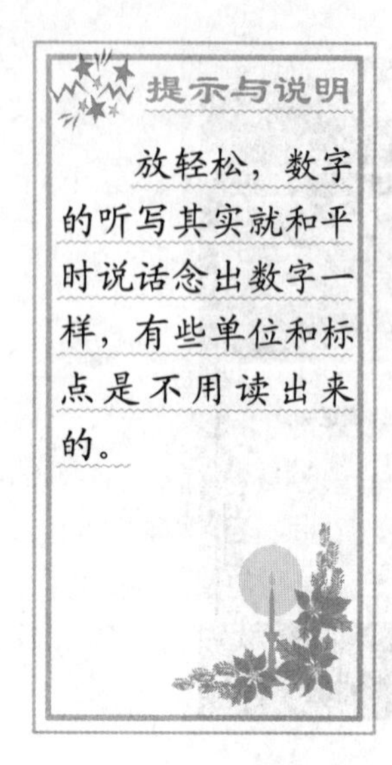

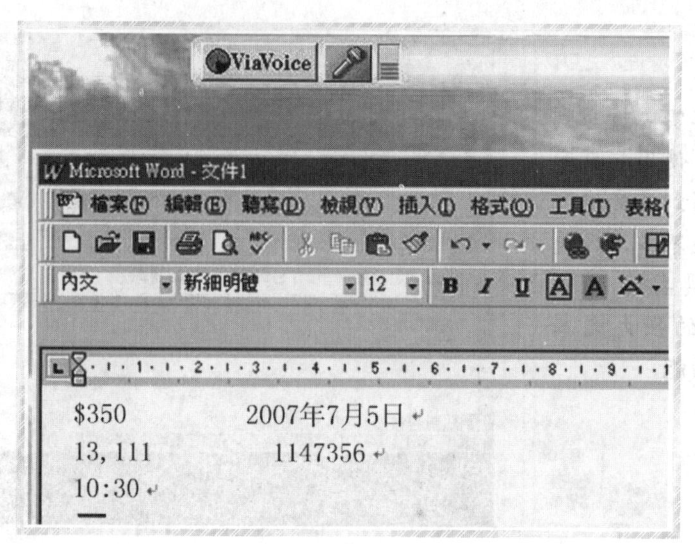

5

由于工作或学习的关系，你在使用 Word 进行编辑时，可能要经常输入数字，如日期、货币等。用 ViaVoice 怎么实现呢？其实，仍然像平常说话一样，自然地说出数字，ViaVoice 就能将日期、货币、时间等数字格式化输入，如图 5 所示。

- 货币：若要得到“￥350”，请说“三百五十元”。
- 日期：若要得到“2007 年 7 月 5 日”，请说“二零零七年七月五日”。
- 长数字：若要得到“13,111”，请说“一万三千一百一十一”；
  若要得到“1147356”，请说“一一四七三五六”。
- 时间：若要得到“10:30”，请说“十点三十分”，而不用说出任何标点。

“听写到 Word”窗口支持拼写模式，在这个模式中，ViaVoice 将更加容易辨识出数字和字母，还支持采用汉语拼音拼写的方式输入汉字。你可以在这个模式下听写大量的数值和字母，也可以以一种新颖的拼写方式输入文字。在文章中要拼写文字的地方说“开始拼写”，然后就可以说出你要的字母、数字以及拼音组合了，如图 6 所示。

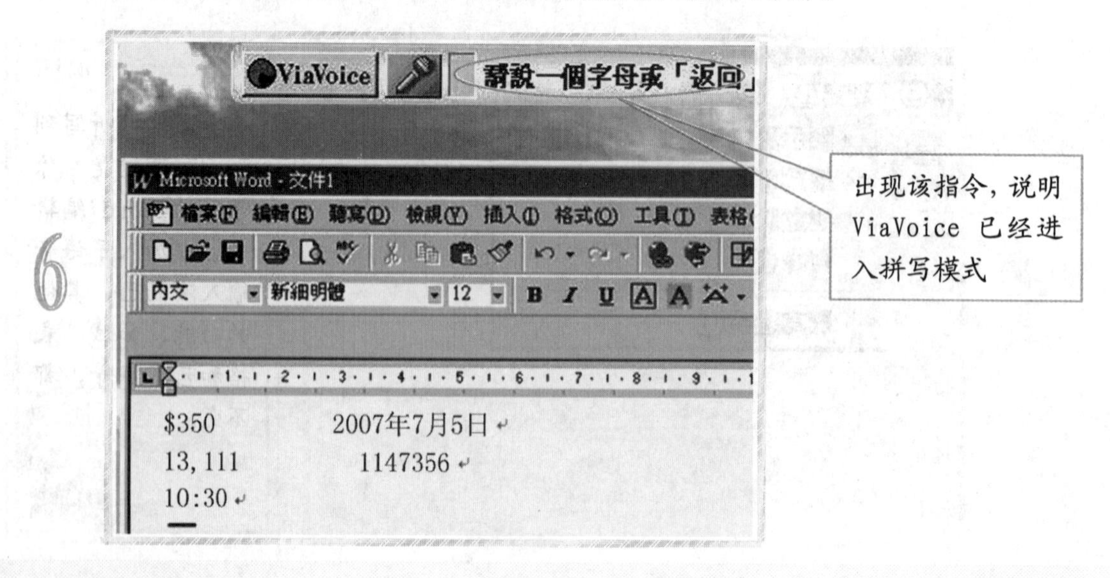

6

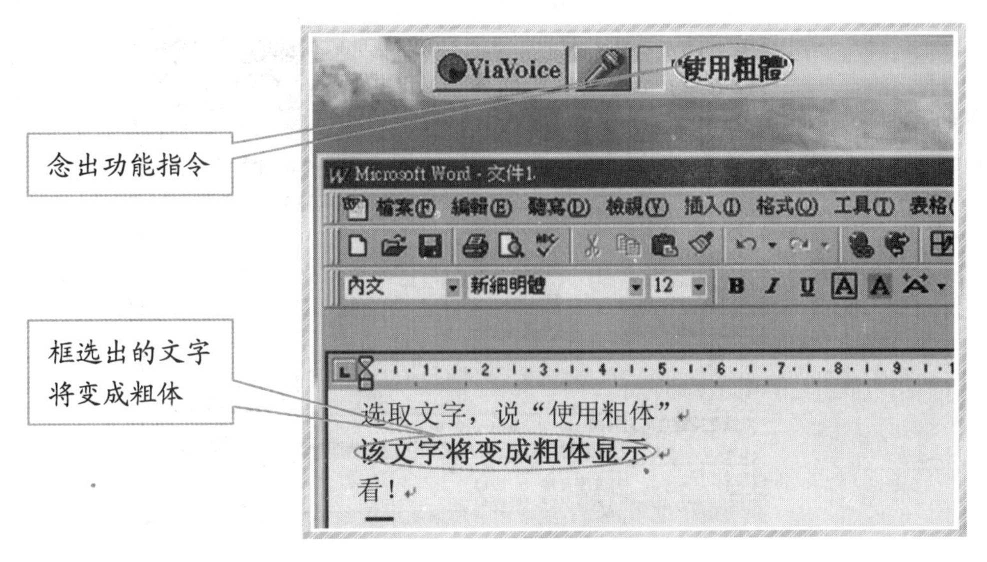

Word 工具之所以常用，在于它功能的强大，如前面提到的表格、艺术字等功能。不过“听写到 Word”也不差，它不仅能输入一般的文字，还能以听写的方式使用这些功能呢。

它的使用方法是：说“使用/开启<指令>”即可激活该指令；若要停用，说“关闭<指令>”就将停用该指令。例如，说“使用粗体”将会使选定的文字变成粗体（见图 7），说“开启粗体”会将后面输入的所有文字变成粗体，直到说“关闭粗体”。

实际上，Word 中常用的文字编辑指令都可用听写的方式去执行，这样你的编辑工作就大为方便了。这里再举几个例子，比如，说“下一行”可以将光标移到下一行；说“选取这个字词”可以选取光标所在的文字；说“取消”可以删除前一个听写的字词；说“还原”可以还原上一个动作。说“复制”和“贴上”可以对选取的文字进行复制和粘贴。怎么样？不用鼠标去单击，仅仅用语音说出指令，Word 就去乖乖“干活”，够神奇的吧！

还有很多可以用的指令呢，只要你说“说什么好呢”， ViaVoice 就会让你查看所有可用的指令，如图 8 所示。

可保存的格式包括 doc（Word 文件）、rtf、txt（记事本文件）和 vps（语音板文件）

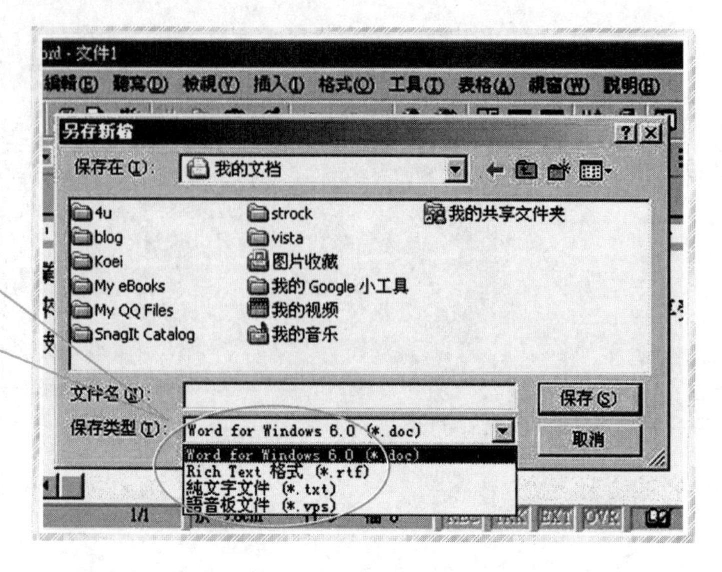

9

当工作一段时间以后，可能需要保存你当前的文档，你可以像往常一样仅仅保存文字，也可以把它保存为一个“语音阶段作业”文件，这个文件包含了听写的文章和文章对应的录音文件。这样你以后可以打开这个文件继续听写，或是校对和更正错误。不过，这种文件会稍微多用一些存储空间（一分钟的听写大约需要 750KB 的磁盘空间）。

保存方式，像以往一样选择保存文件的类型，选中“储存语音阶段作业的资料”的方框，点击“是”即可保存（见图 9）。你还可以保存为语音板文件，这样语音板程序就能将其打开并编辑。另外，如果保存为“Rich Text Format（RTF）”格式的文件，可以让其他编辑程序使用该文件的字形和段落格式等。

当你在 Word 中存储文件时，ViaVoice 会分析你的文字中是否有新字。当你关闭该文件时，ViaVoice 会显示一个列表，列出你在该文件中所用到的新字。你可以选取它们，修改声音，并增加到你的个人词汇表中。这样，日后听写时，这些字就可以很快地被辨识出来。请参见图 10。

10

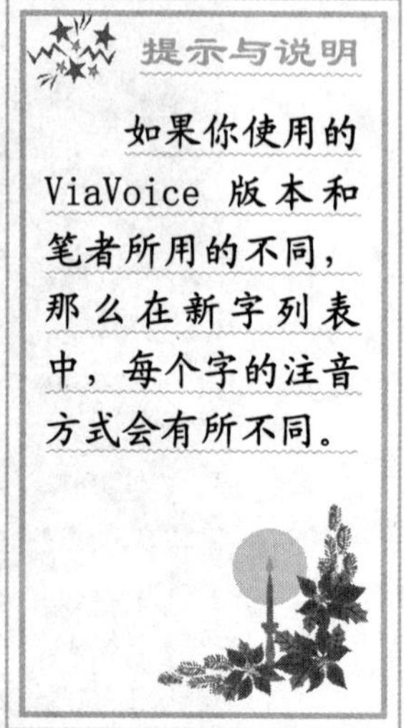

指令列表，“说什么好呢？”

ViaVoice 语音系统其实是一个功能强大、内容丰富的系统，本书介绍的内容只能算是管中窥豹。不过别急，ViaVoice 本身提供了方便丰富的帮助系统和指令列表系统，如像我们本节将要学习的“说什么好呢？”功能，掌握了它，就可让你抛开书本，自己和 ViaVoice 互动学习，学会更多实用指令的用法。

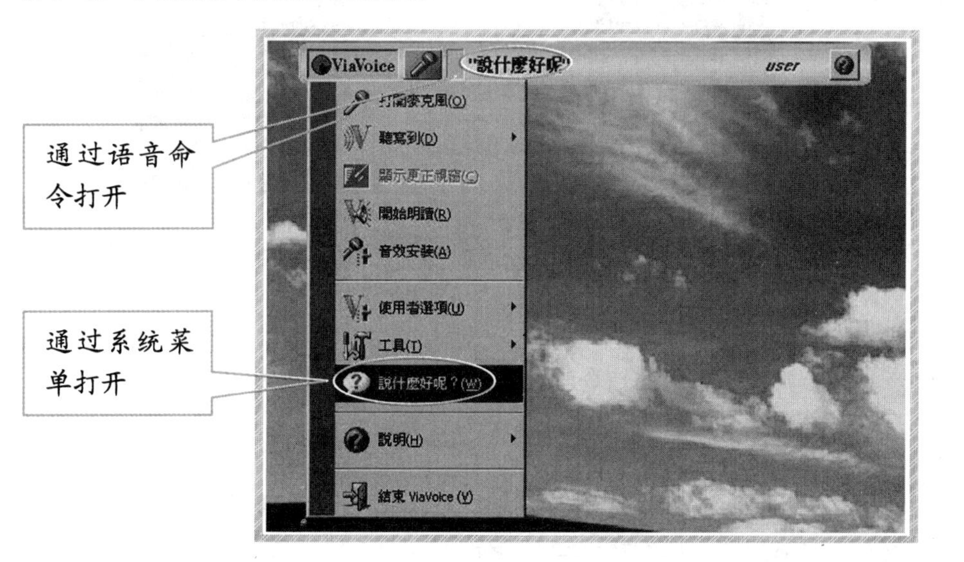

我们前面曾介绍过，可以用两种方法打开“说什么好呢”窗口：一是打开麦克风，说“说什么好呢”；二是点选系统菜单，选择“说什么好呢？”，如图 1 所示。这时窗口就会弹出来，供你查阅可用来执行以前需用键盘和鼠标执行的工作，如图 2 所示。除此之外，“说什么好呢”窗口还有训练指令，通过提供某个指令的注音让 ViaVoice 能够辨识它。

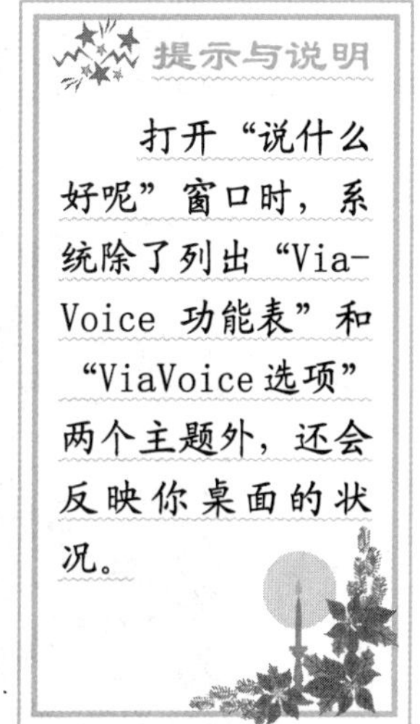

提示与说明

打开“说什么好呢”窗口时，系统除了列出“ViaVoice 功能表”和“ViaVoice 选项”两个主题外，还会反映你桌面的状况。

提示与说明

“说什么好呢”窗口可以反映出你桌面的当前状态，不过如果你之前已经使用过该窗口，再次打开它将会出现你上次查看的内容。

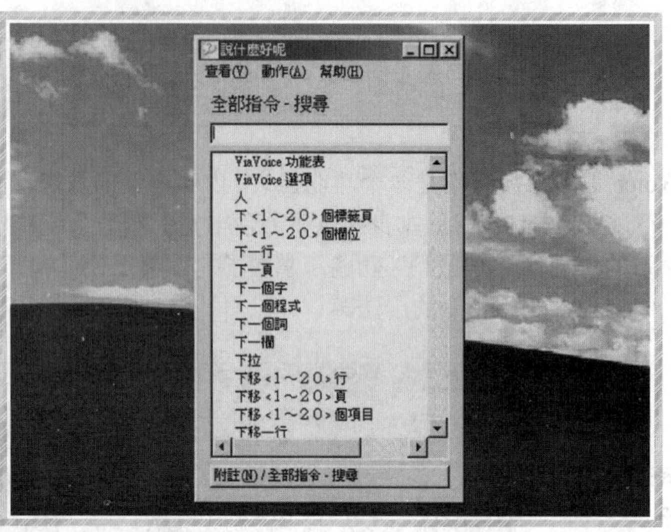

3

“说什么好呢”所列出的指令可以反映出你桌面当前的状态。当你执行某一个程序，然后说（或按一下）“说什么好呢”，就可以查看在当前运行的程序中可以使用的指令，如图 3 所示。如果你接着跳到另一个程序，或是当“说什么好呢”窗口仍然打开的情况下点击一下桌面，“说什么好呢”窗口中的指令就会立即变动来反映你刚才的这个动作。

在“说什么好呢”窗口的菜单栏中点击【查看】按钮，你可以看到如图 4 所示的项目。

1. “全部指令”：查看所有的指令，例如，名称从未出现在其他窗口中的指令，你可以在“全部指令”画面中找到它们。你可以说“说什么好呢全部指令”来启动它；
2. “语音中心”：查看用于控制语音中心的指令；
3. “桌面”：用来查看桌面上打开、关闭、调整大小及拖动的指令；
4. “我的最爱”：用来查看用于访问在你的收藏夹中的页面的指令。默认状况下，这个按钮包括相应的指令是不可用的，你要将【ViaVoice 系统菜单】|【使用者选项】|【ViaVoice 选项】|【指令集】|【我的最爱】项目前的方框勾选中才能使用；

4

提示与说明

“查看”按钮中的项目其实是对指令的一个分类。你可以通过“说什么好呢<项目名>”来查看相应类别的指令集。

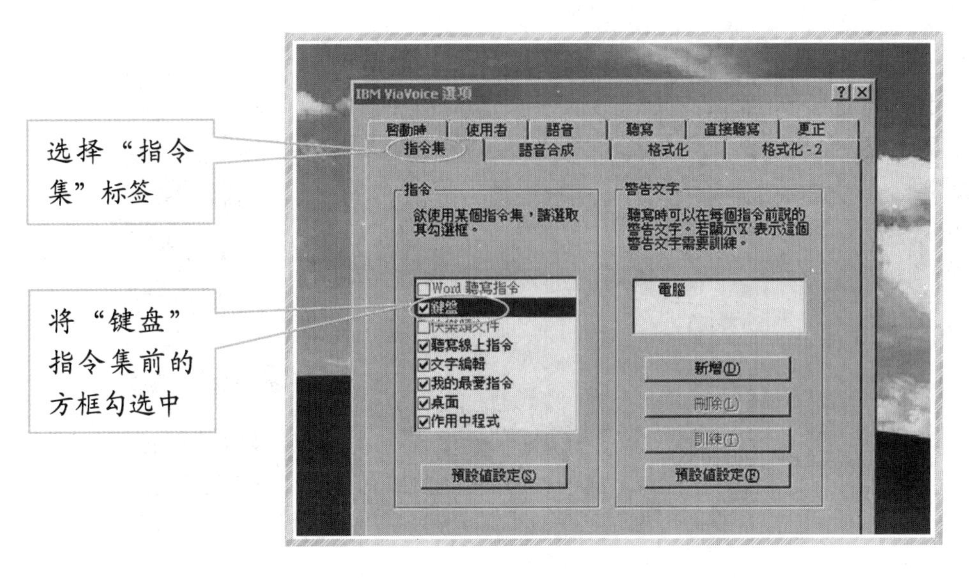

5. “文字编辑”：用来查看用于移动光标及选取文字的指令；
6. “键盘”：用来查看键盘功能的指令，这个项目和刚才说的“我的最爱”指令集一样，同样是默认不可用的。如果你想要使用这些指令，请按前面说的方法进行设置（如图5所示）；
7. “作用中程式”：用来查看用于控制当前激活状态的程序的指令。当你跳到别的窗口或程序时，“作用中程式”指令也会随之改变；
8. “未经训练”：用来查看ViaVoice中没有发音的指令，如图6所示，如果想要使用这些指令，必须先训练它，这个我们稍后介绍；
9. “听写”：用来查看听写的指令，这个画面只有在激活窗口时可以进行听写的程序才会出现在指令列表中；
10. 其余几项，如“联络人”、“范本”，作用不大，限于篇幅，我们就不多做介绍了。大家闲暇时可以自己查看。

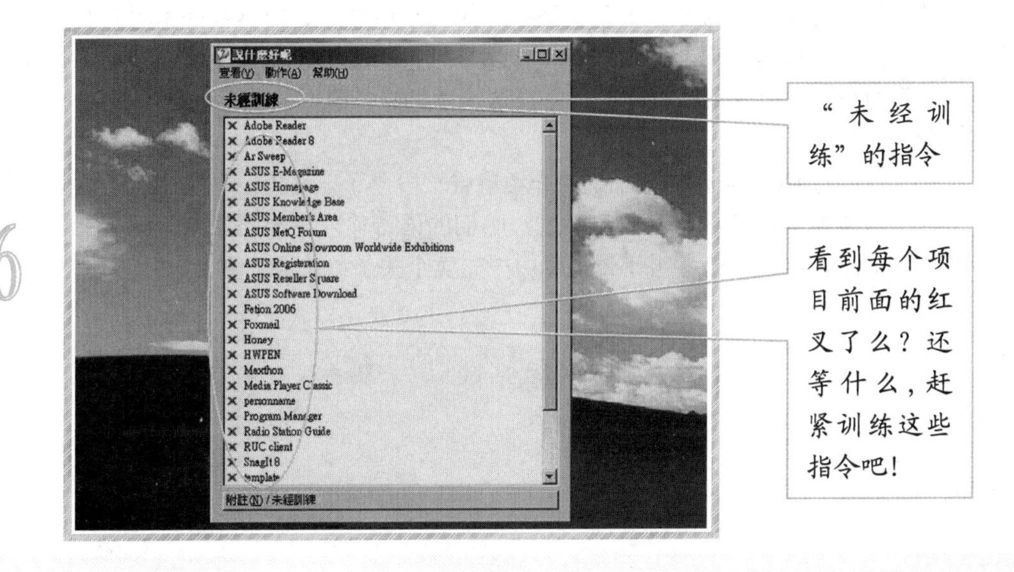

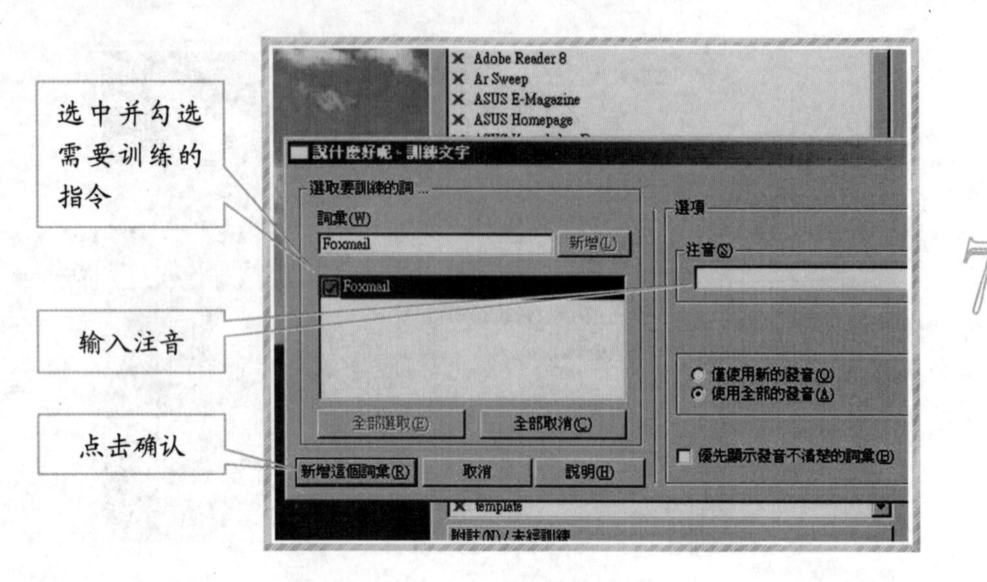

下面我们就来进行“训练指令”的学习。在两种情况下你会用到“训练指令”，一种是前面所说的，如果该指令没有发音，你可以训练它。另外，如果 ViaVoice 无法辨识出你的指令发音，你也可以提供为其新的容易分辨的拼音供其使用。

1. 找到你需要训练的指令，一般在“全部指令”或是“未训练”等集合中；
2. 双击你需要训练的指令，可以从未训练过的指令，或是任何你要改善其辨识率的指令；
3. 在弹出的新窗口中，选中你要训练的指令，如图 7 所示；
4. 在注音栏中，选取或输入正确的注音。每组注音用空格隔开；
5. 最后，按一下【新增这个词汇】。

（注：对于没有注音、且字词不多的指令，训练时，ViaVoice 一般会自动产生注音串，不过如果指令字词太多，需要你自行输入。）

经过这么长时间的学习，是不是已经把你的“小精灵”调教得很好了呢？其实，时间越长，更正训练得越多，你会发现它将变得越来越得心应手，就像是你最亲密的伙伴，始终陪伴在你的身边，用耳朵倾听你的话语。这一章里好多地方，笔者就是用 ViaVoice 听写完成的哦！

至此，我们对 IBM ViaVoice 系统的介绍就告一段落了，还有一些文中提及内容，如系统要求、标点符号等，请参阅附录。不过，咱们的语音输入之旅还没结束呢，下一章，将介绍另外一个语音输入系统，叫什么来着……先卖个关子，待会儿再见。

第4章 语音新秀，微软语音识别

本章要点

- ☑ 走进 Vista，走近语音识别
- ☑ 语音识别用户界面
- ☑ 惬意的听写功能
- ☑ 语音控制 Vista

上一章，我们已经掌握了 IBM ViaVoice V10 语音辨识系统，过了回语音输入的瘾。但 ViaVoice 在市面上常见的版本多是繁体中文版和英文版，使用起来不是很方便，而且作为一款商业软件，ViaVoice 的价格可是不菲哦。为了让更多的读者朋友能拥有适合自己的不用打字的输入方法，我们接下来再介绍一款通过语音实现的输入方法，它不仅是地地道道的简体中文版，而且来自 IT 界大腕 Microsoft（微软）公司。它就是微软最新发布的操作系统 Windows Vista 中附带的全新输入方法，对 Windows 已经十分熟悉的你，是不是已经十分向往了呢？想体验最新潮的操作系统和最前沿的语音输入法，那就和我一同走进 Vista 吧。

走进 Vista,走近语音识别

Windows Vista 操作系统由微软公司于 2007 年 1 月 30 日发布，相信现在已经有不少用户已经升级了原有的 XP 系统，体验当今业界最前沿的操作系统了。确实，Vista 系统不仅拥有更优异的性能，还带来了全新的多媒体体验，在输入法方面也新增了不用打字就可输入的新产品，也就是我们接下来要介绍的——Windows 语音识别工具。

当今业内最先进的操作系统——Windows Vista。图 1 所示为商业版

1

当然，相信还有不少用户仍然使用习惯的 XP 系统，如果你想体验这美妙的语音识别感觉，推荐你升级系统。对新系统 Vista，你也别觉得复杂或是陌生，通过接下来的介绍，你会发现，其实 Vista 和 XP 在使用界面和操作上面是很相似的。本丛书中也有关于 Windows Vista 操作系统使用入门的书籍，感兴趣的读者可以查阅。

2

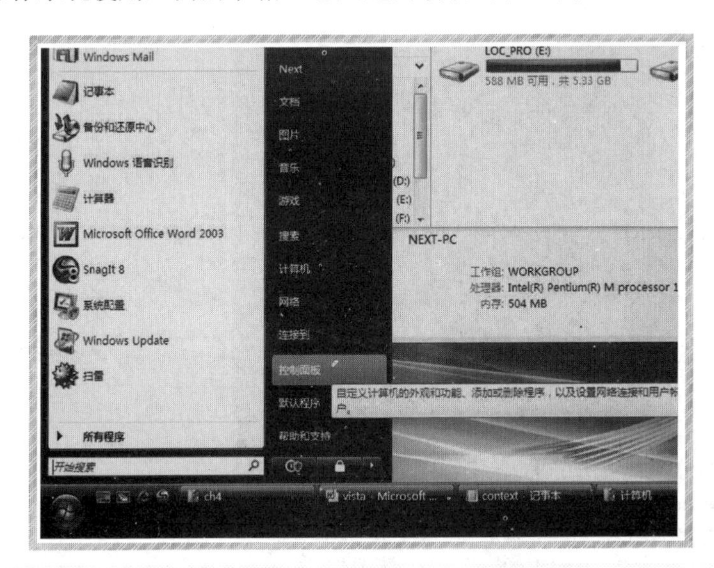

提示与说明

Vista 不仅具备全新的内核，带来更稳定的系统和更优秀的性能，还拥有更绚丽的图形界面，例如著名的玻璃窗效果，如图 2 所示。

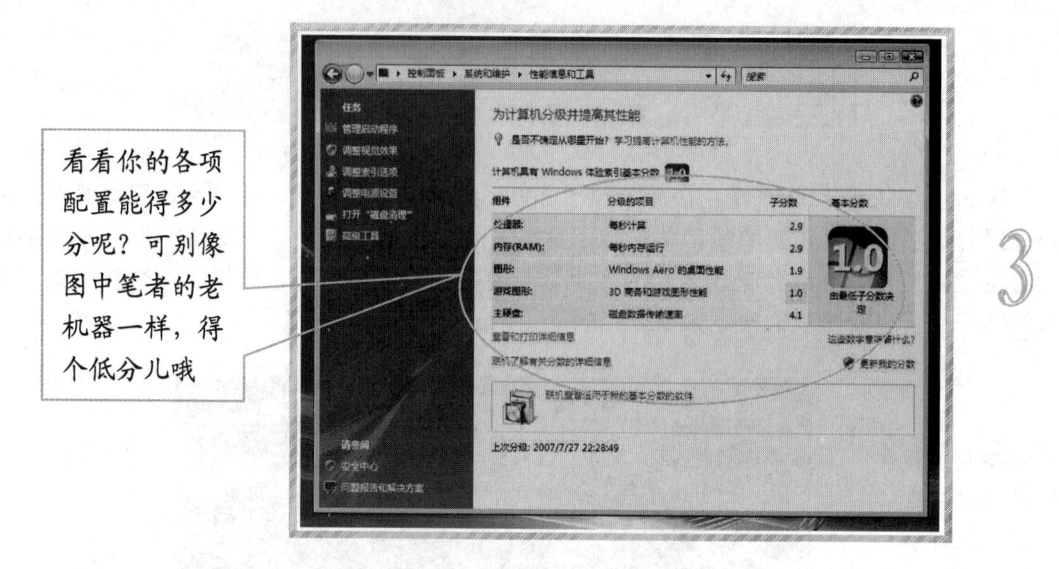

另外，Vista 功能与性能比 XP 强大，对电脑配置的要求也自然高了很多。想要流畅地运行 Vista 和语音识别工具，你的计算机应当要具备如下配置：

CPU：目前中端以上的 CPU 都可，双核以及 64 位处理器当然是 Vista 的优秀搭配。

内存：容量至少 512MB，推荐使用 1GB 以上的内存。

显卡：至少拥有 64MB 显存，支持 DirectX 9 的中高端显卡。

硬盘：容量自然越大越好，最好是拥有 8MB 缓存的 SATA 串口硬盘。

言归正传，我们这就开始介绍 Vista 中的语音输入——Windows 语音识别。首先，由于我们前一章已经熟悉了 IBM 的 ViaVoice，所以介绍 Windows 语音识别过程中，你会发现，有很多步骤和技巧是类似甚至相同的。所以，我们之前使用 ViaVoice 的经验和诀窍，在语音识别中可能也同样适用哦。

话不多说，咱们开始吧，如图 4 所示，选择【开始】|【所有程序】|【附件】|【轻松访问】|【Windows 语音识别】，启动语音输入法。

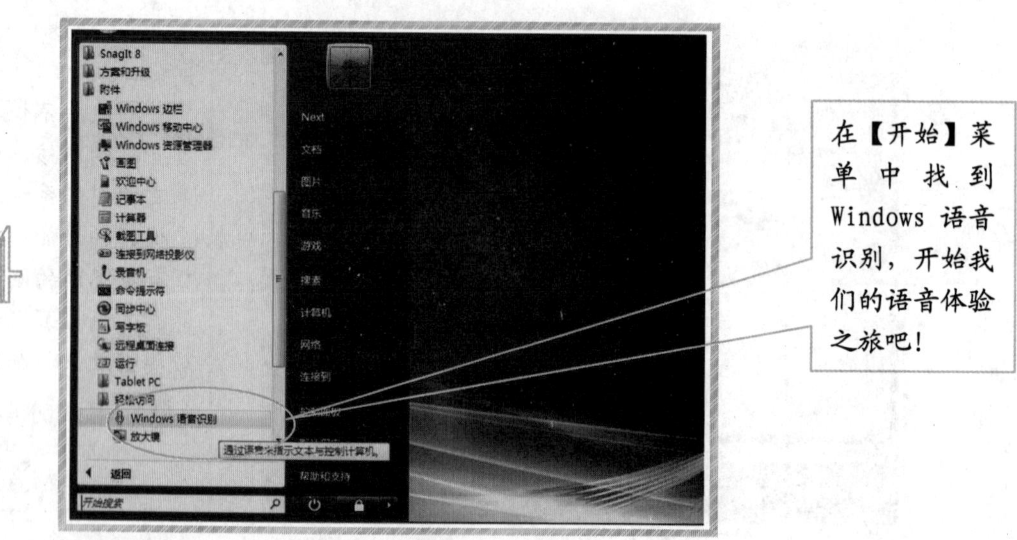

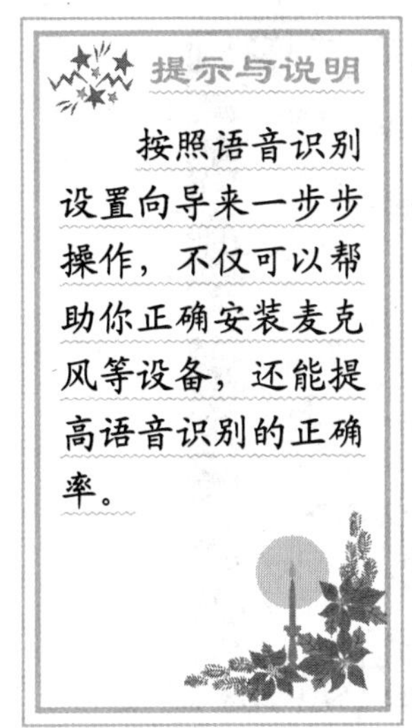

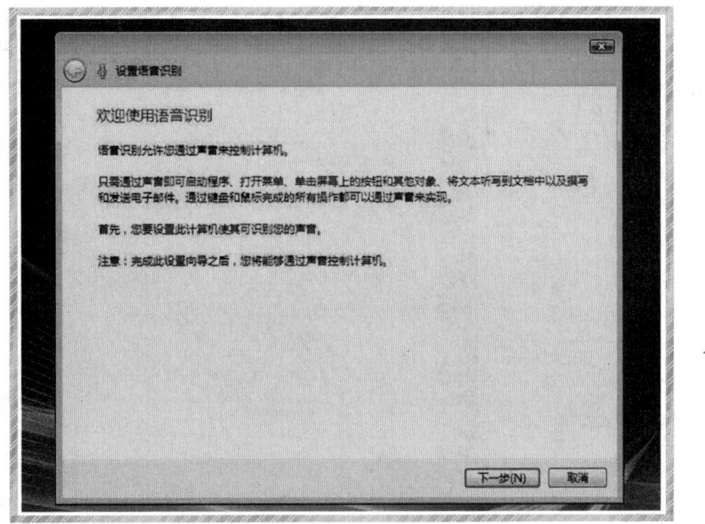

5

“磨刀不误砍柴功”，正如以前用 ViaVoice 一样，想要体验语音输入，让你的计算机能识别你的声音，还得先进行必要的设置和调试，见图 5 所示。

1. 第一次运行语音识别将进入“设置语音”界面。整个过程将设置麦克风类型、音量和一些系统选项；
2. 点击【下一步】选择麦克风类型，有“头戴式麦克风”、“桌面麦克风”和“其他”三项，你可以根据自己的麦克风将相应选项前面的圆圈勾选中，并点击【下一步】；
3. 接下来是设置麦克风，界面将提示你如何正确摆放麦克风，并确保没有将麦克风设为静音，然后点击【下一步】；
4. 摆放好麦克风后，接下来就要调整麦克风的音量了，对着麦克风大声朗读引号内的粗斜体文字，以判断麦克风音量是否达到最佳的效果。如图 6 所示的音量条，如果你朗读过程中音量条大部分都处在绿色区域，那么说明音量大小很合适了；处在红色区域，说明可能音量有些偏大，需要在音量控制中进行麦克风音量调整；

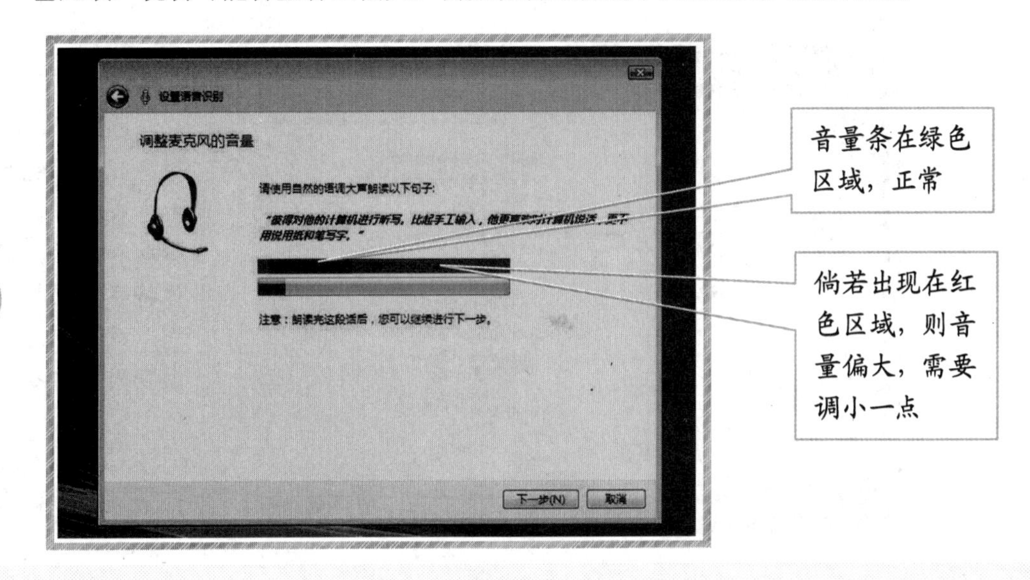

6

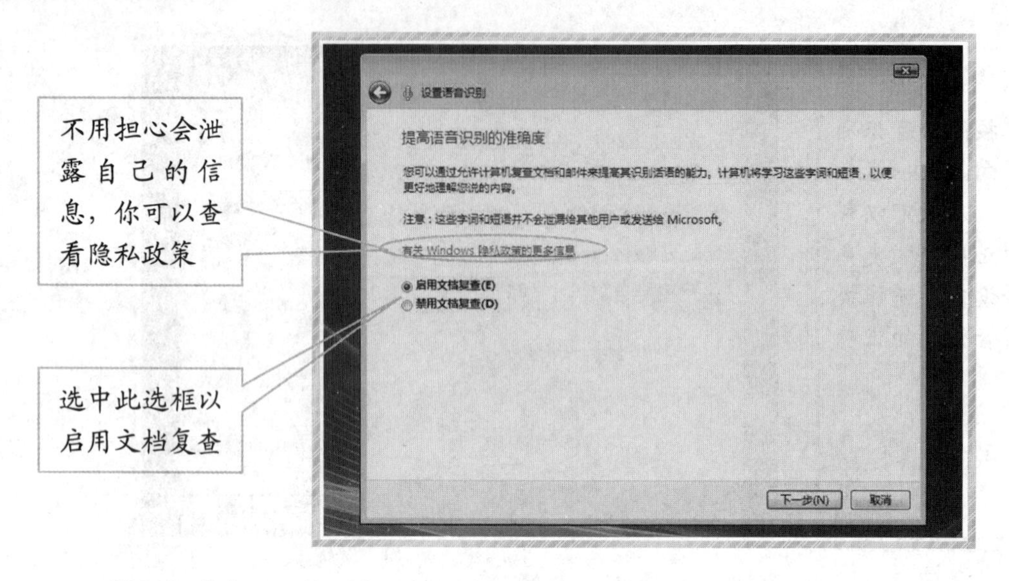

5. 设置好麦克风，接下来就要提高语音识别的准确度。这里要起用一个“文档复查”的功能，它会复查你计算机中听写的文档和邮件，以帮助计算机学习这些字词和短语，以便更好地理解你说的内容，提高识别能力。这类似于我们以前用 ViaVoice 时建立的语音模型一样。

   另外，在语音识别系统设置完成以后还有专门的语音训练程序，通过收集并分析你朗读文章的声音，以此来提高它的识别能力。如图 7，将“启用文档复查”前面的圆圈勾选住，然后点击【下一步】；
6. 接下来的窗口是供我们打印“语音参考表”的，点击图 8 中的“查看参考表”，在新弹出的帮助窗口中，我们将看到一个列表，列有所有语音系统可以识别的命令。建议你打印这个列表，随身携带。这样在刚开始使用语音系统时，如果不知道某个操作的声音指令，就可以翻看这个列表来查找。打印完成后，点击【下一步】；
7. 接下来是确定是否要在计算机启动时运行语音识别。这个选项视用户个人情况来选

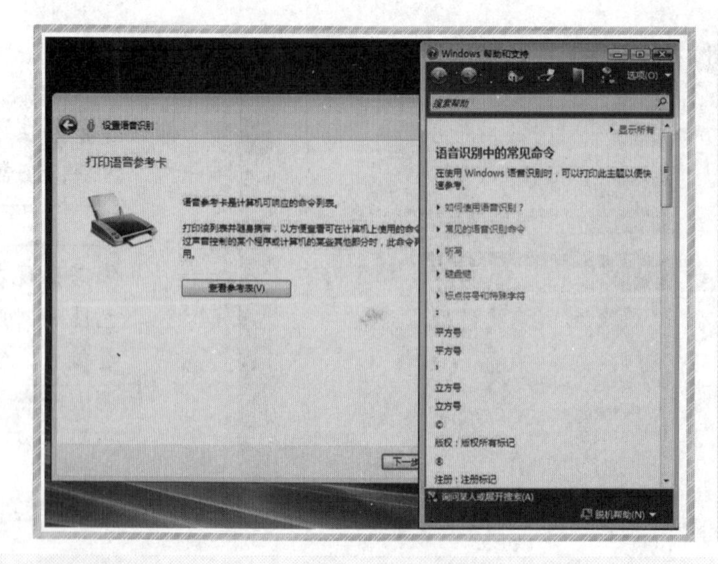

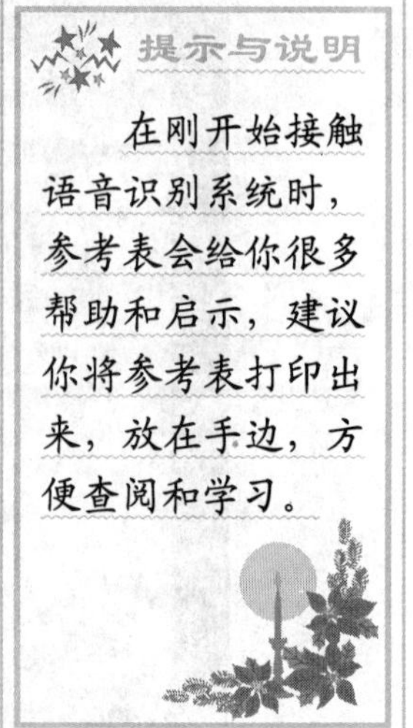

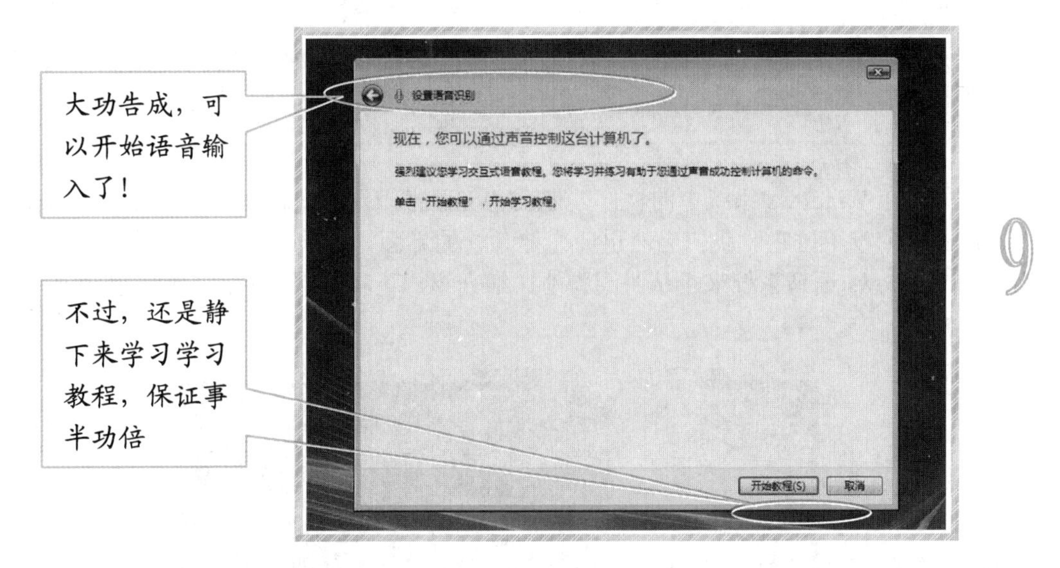

择，如果你使用语音识别系统的频率很高，就可以选中此选项；

8. 点击【下一步】，进入如图 9 所示的界面，说明设置过程基本完成。点击【开始教程】就可以开始学习语音教程，这是 Windows Vista 语音识别系统针对初学用户而设计的一个环节，它可不像以往咱们见过的那些教程一样枯燥生硬。
9. 如图 10 所示，点击【开始教程】进入教程界面后，就会出现一位美丽的小姐向我们讲述 Windows 语音识别的使用，总共有“欢迎”、“基础”、“听写”、“命令”、“使用 Windows”和“结论”等几个部分，步步为营，深入浅出，以互动的形式非常直观生动地介绍声音指令的使用。正如教程中所说的——使 Windows 语音识别的使用更加轻而易举。

好了，设置和调试工作至此就完成了。刀磨好了，接下来就要小试牛刀啦。下一节，我们就正式开始介绍 Windows 语音识别系统。

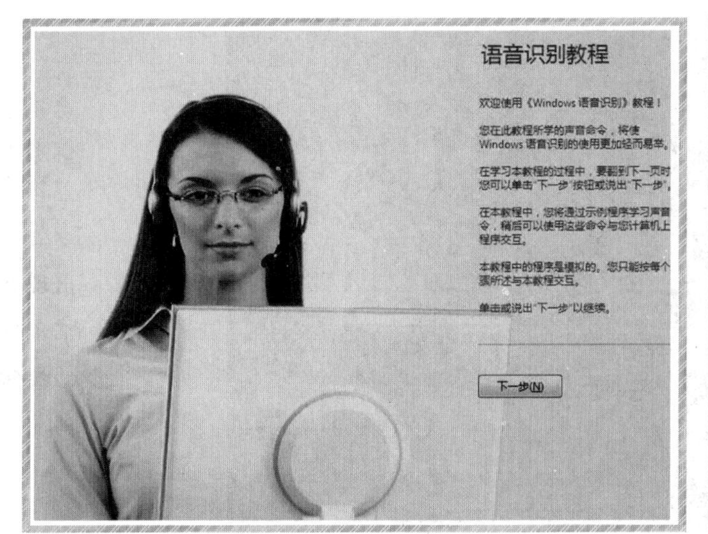

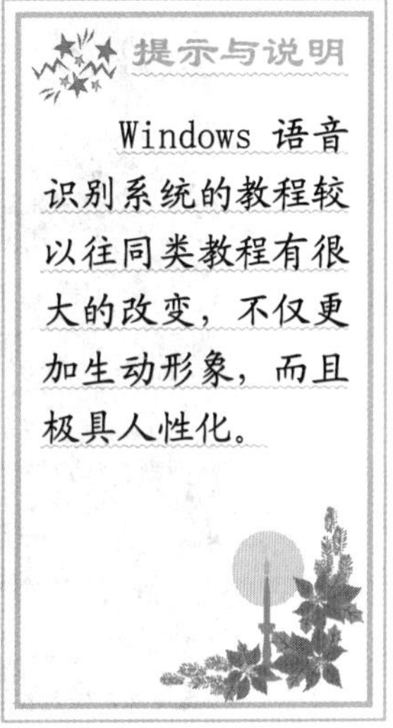

语音识别用户界面

作为集成在 Windows 系统中的软件，Windows 语音识别系统自然十分符合大家的使用习惯。但是以前没用过它，我们当然也要先熟悉它的界面，才能对它应用自如。这一节，我们就对 Windows 语音系统来个从头到脚地详细介绍，让我们来好好认识和了解这个小帮手吧。

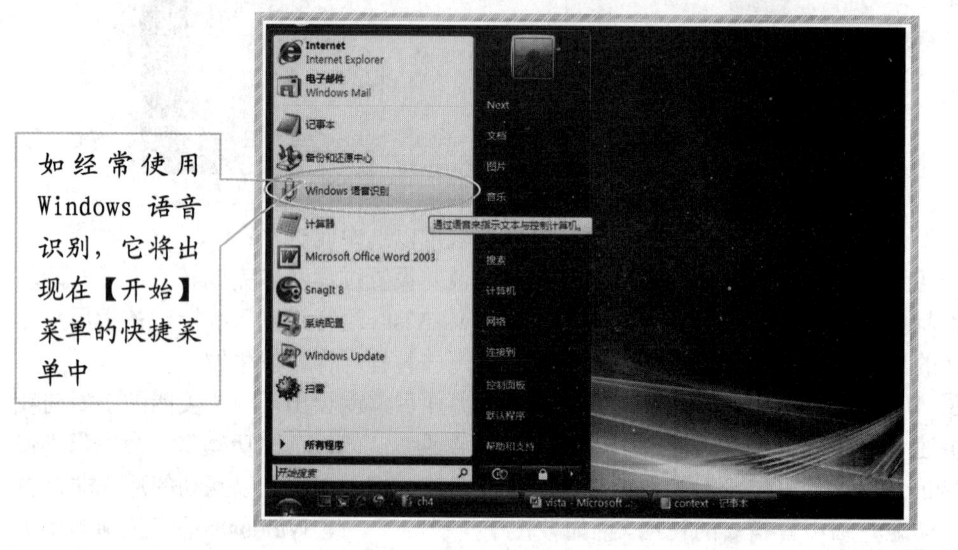

首先启动 Windows 语音识别，如果你在上一节设置时已经选中了“启动时运行语音识别”，那么每次开机完成后，语音识别系统就会自动运行。你也可以像本节开头所介绍的那样，选择【开始】|【所有程序】|【附件】|【轻松访问】|【Windows 语音识别】进行启动。当屏幕上显示语音识别用户界面，或你在屏幕右下角找到一个麦克风图标时，表示语音识

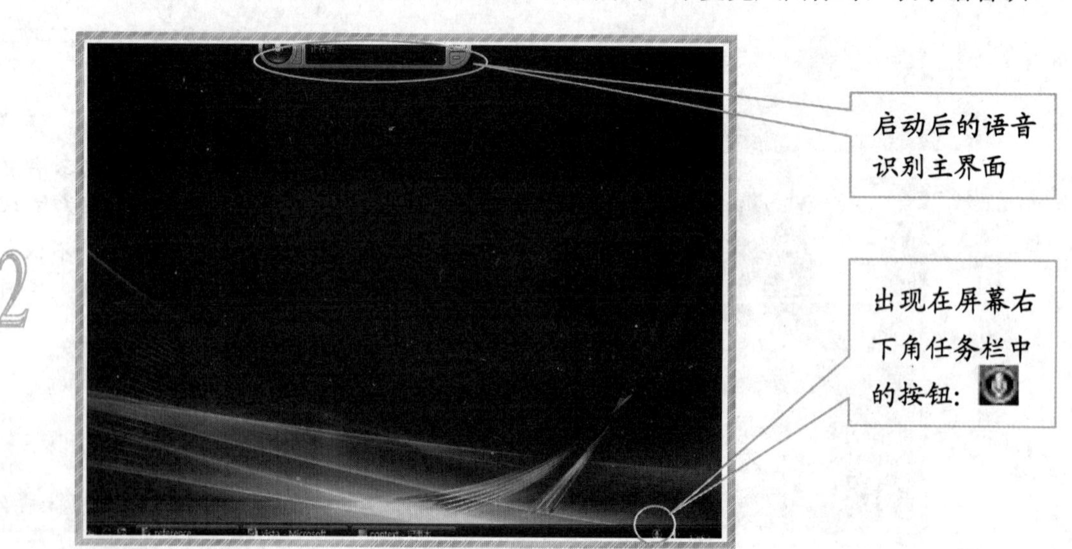

提示与说明

如果你不再需要语音输入，可以说“停止聆听”，让系统进入休眠状态，以防止不必要的噪音导致误操作。

3

别系统已经在运行了。接下来，我们来学习语音识别系统界面的各个组件，以及如何与它们交互，这样能让你对这个系统快速上手。

1. 麦克风按钮：如图3所示，启动语音识别后，麦克风是默认的灰色“正在休眠”状态。如果你想让系统能听懂你的声音，首先要把系统叫醒。对麦克风说“开始聆听”，用户界面中的麦克风按钮的颜色就会变成蓝色，并且显示“正在听”，这时系统就在静静聆听着，耐心等待你对它发号施令了。要使计算机不再听你说话，说“停止聆听”，按钮就会从蓝色变回灰色，又休眠了。大家一定发现了，这其实就和ViaVoice里的麦克风按钮一样，能休眠和唤醒的；
2. 音频混音器：对计算机说话时，可以看到麦克风旁边的音频混音器的指示条会上下移动（见图4）。这表明计算机正从麦克风接收音频信号，并试图将你说的所有话解释为命令或指令。指示条由低到高的颜色分别是蓝绿红，这也反映了音量由小到大，方便你控制说话的音量；

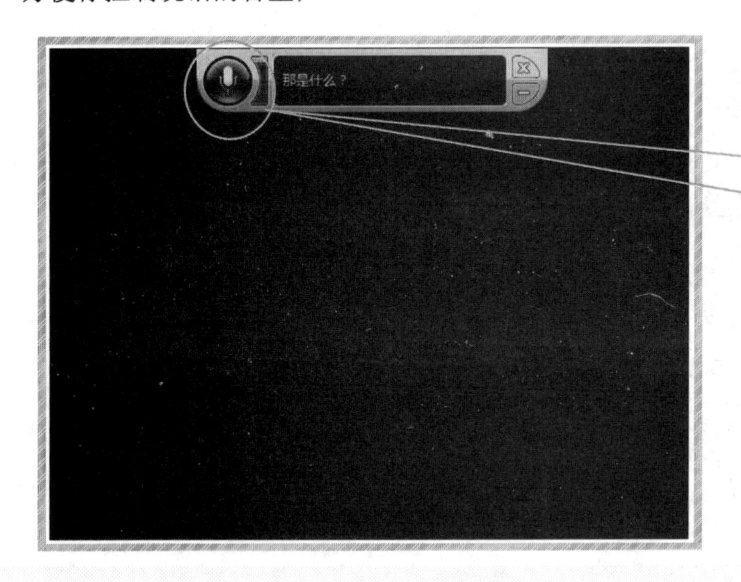

音频混音器，方便你控制说话音量大小

4

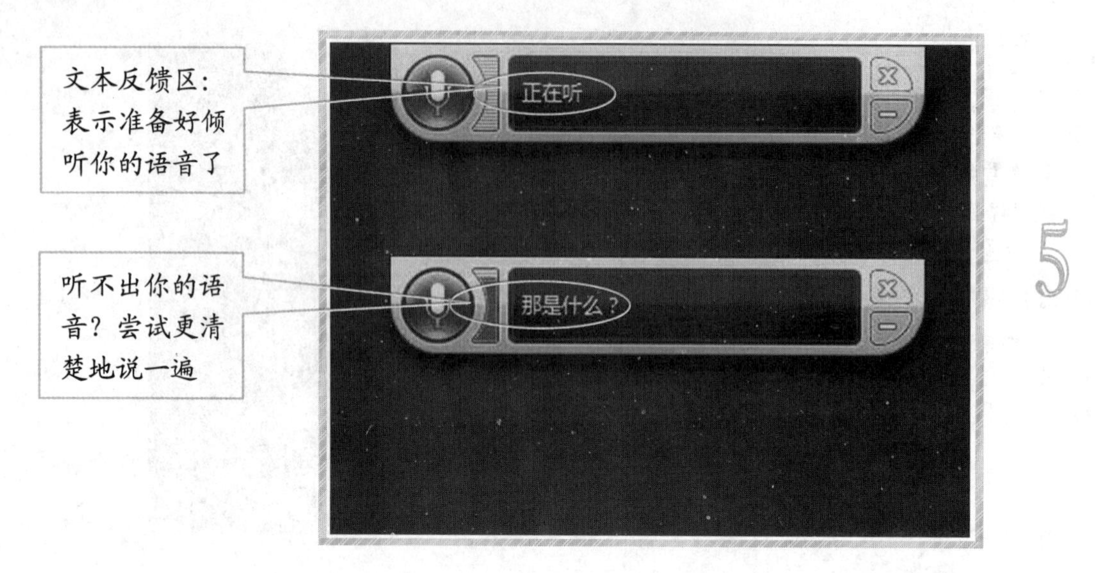

3. 文本反馈：音量混音器旁边有一个文本反馈区，如果计算机听到你说的话，此区域就会有反馈信息。如果计算机理解了，此区还会告诉你要执行什么操作。如图 5 所示，当你说“开始聆听”时，这里会显示“正在听”。当计算机不理解你说的话或不能执行操作时，计算机会显示“那是什么？”，同时麦克风按钮会变成橙色。这时，你可以试着再说一次该命令，或尝试说另一个命令；
4. 有时，文本反馈区会显示“圆环”警告图标，这表明计算机尚未准备好执行命令。这时你仍然可以发出命令，但只有等图标消失以后，计算机才能理解并执行该命令。一般也就等几秒钟吧；
5. 语音选项：Windows 语音识别系统还为我们提供了许多附加选项，说出“显示语音选项”，或者在语音识别用户界面任意位置右击鼠标，就会弹出语音选项菜单，里面的诸多选项仍然可以用语音来选择。例如：对着麦克风说“显示语音选项”，在下图弹出的菜单界面中说“开始语音教程”，语音教程就开始运行了；

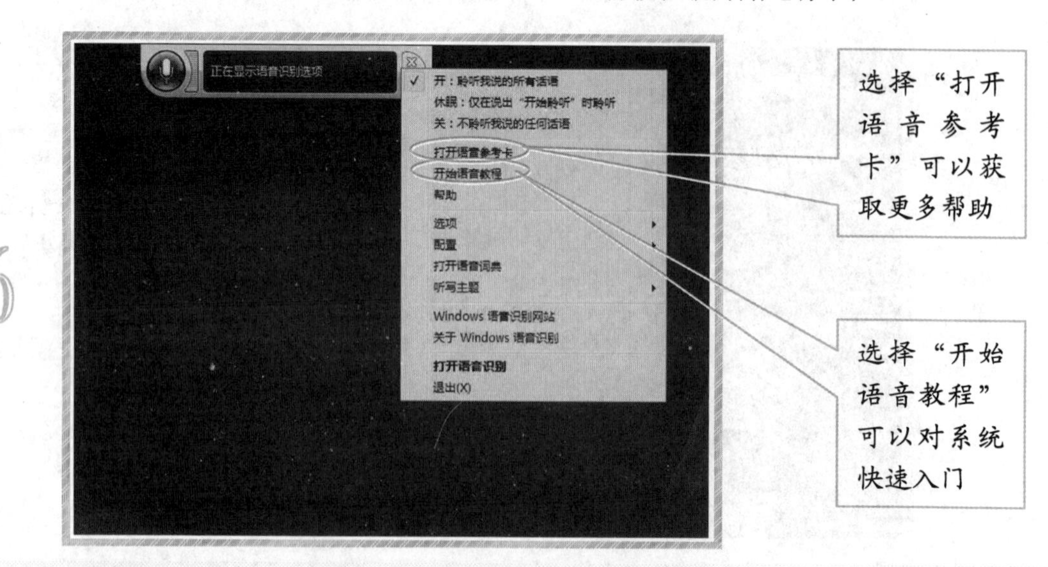

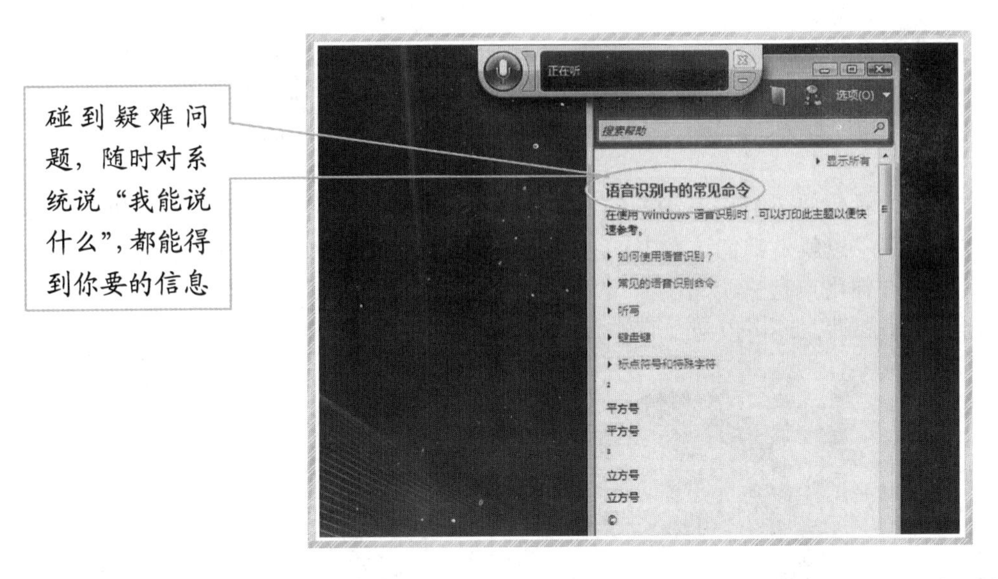

7

6. 最小化语音：用户界面最右端是“关闭”和“最小化”按钮，你可以说“隐藏语音识别”来最小化用户界面，这个时候系统仍然能听懂你的指令，你只要说“显示语音识别”即可恢复最小化。

现在咱们已经知道了 Windows 语音识别用户界面的各个组件的功能，也学会了如何通过声音来控制用户界面。当然，你也可以通过鼠标控制语音识别界面，在电脑上用鼠标尝试一下吧。

就像 ViaVoice 中的“说什么好呢？”功能一样，使用语音识别系统时，你也能随时调出可以使用的命令列表。如图 7 所示，你只需要说“我能说什么？”，就会显示 Windows 语音识别参考卡，你可以先自己看看、试试，了解一下整个系统，咱们下一节就来介绍如何通过这个语音系统实现不用打字来输入想要的内容。

惬意的听写功能

相信大部分读者想要了解语音输入的原因，还是想通过它来进行文字输入，以代替传统繁复的键盘打字，也就是咱们这本书的主题——不用打字的输入方式。Windows 语音识别系统当然也允许你用声音来听写文本文字。你只要大声说出字词，就可以创建几乎所有类型的文档或电子邮件，还可以对文字进行编辑修改或更正错误。

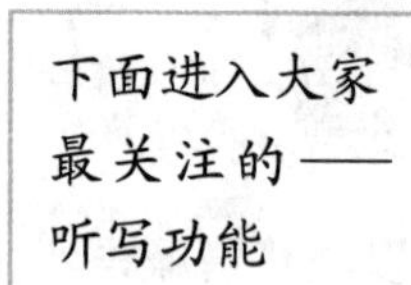

1

事实上，只要是鼠标键盘能完成的文本工作，语音识别系统都可以帮助你实现。用这种跟计算机交谈的方式甚至比使用键盘更方便、更快！还等什么？赶紧来学习听写功能吧。为了方便介绍，笔者以在写字板中听写为例。好，让我们打开写字板（见图 2）。

在听写时，请注意发音要清晰（有关发音和朗读方面的注意事项，其实和以前用 ViaVoice

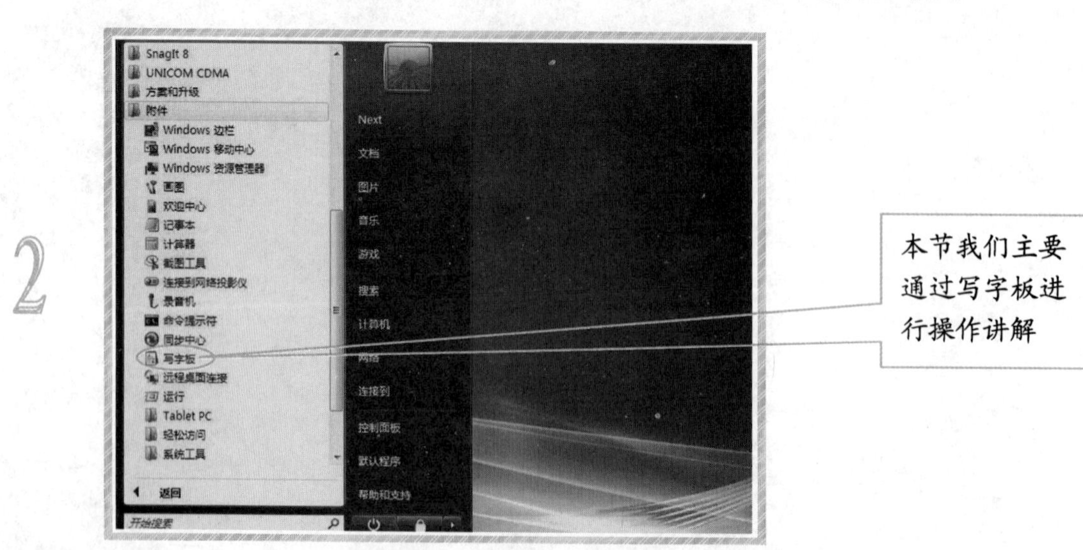

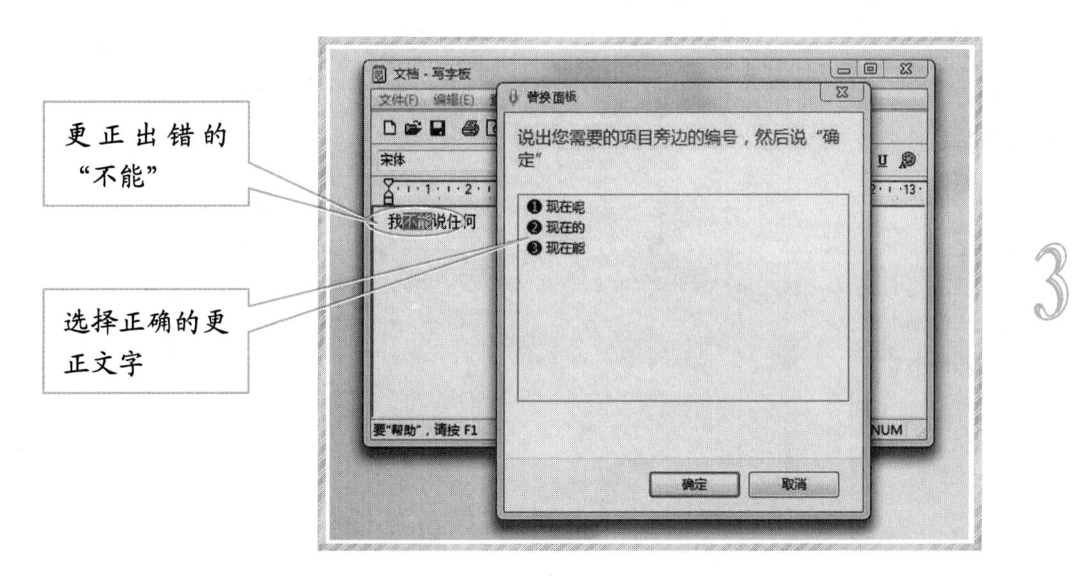

是大致相同的，大家可以参考相关章节）。对计算机听写时，不能一次只说一个字词，尝试说出完整的句子或有意义的句子片段，如果你说的短语完整，计算机就能很好地理解你说的话。计算机不会为你添加标点符号，所以在听写时记住要大声念出每个标点符号。

如果计算机识别有误，你可以说“更正”，接着说出错误的字词。当你使用更正命令时，计算机将尝试从错误中接受教训。久而久之，计算机犯的错误会越来越少。下面我们来做一次尝试：

1. 说“我现在能说任何”，这时系统识别有误，理解成了“我不能说任何”；
2. 说“更正不能”更正误识别的字词，出现更正列表，如图 3 所示；
3. 说“3”来选择我们想要的“现在能”；
4. 说“确定”来确认你的选择。

有时，话刚说完，你就改变了主意。这时，可以说“撤销”或“撤销这个”，而不是说“更正”。如图 4 所示。

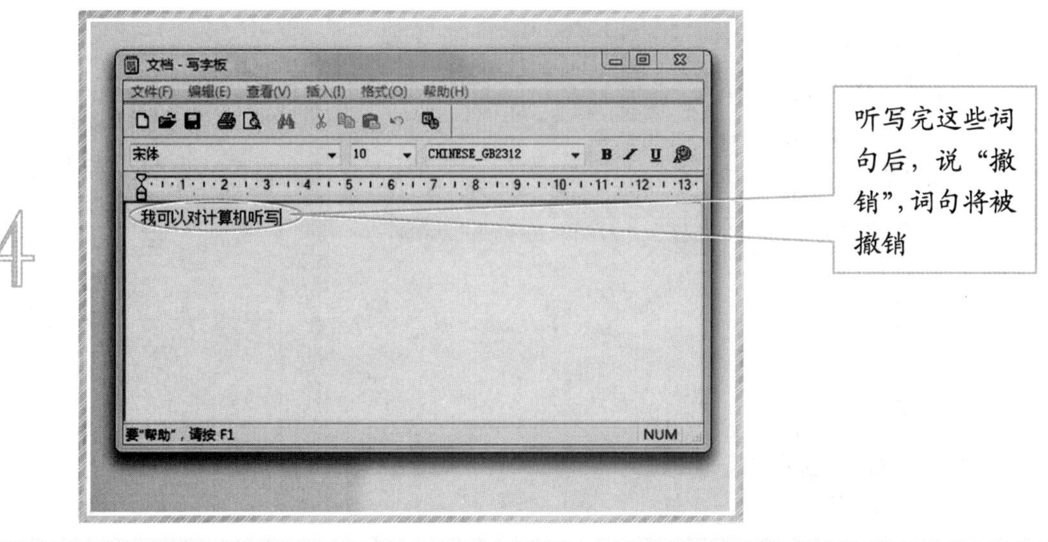

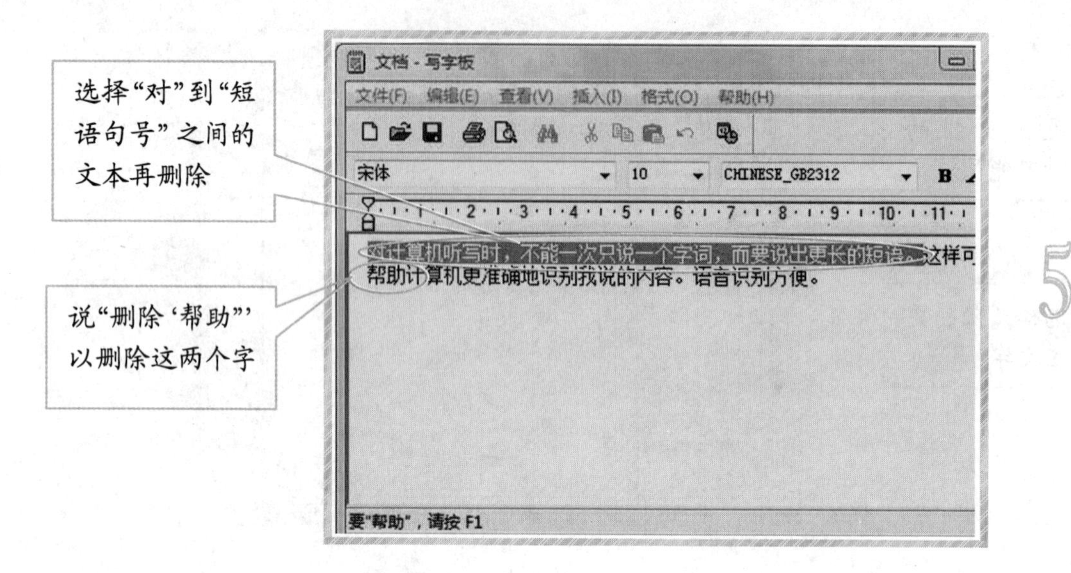

你还可以删除文本中特定字词或部分。说“删除”，然后说出要删除的一个或多个字词。如果你想删除文本中的较大部分，首先必须选择该文本，然后删除它：

1. 对于写字板中已存在的文本，说“选择‘对’到‘短语句号’”以选择想要删除的文本；
2. 说“删除这个”就可以删除选中的内容，如图 5 所示；
3. 说“删除‘帮助’”就可以删除文中“帮助”这个词了。

你还可以选择文本、删除文本和浏览文档中的不同位置，需要学习四个基本命令：“选择”、“删除”、“转到”和“转到后面”。或者直接用听写文字替换选择的文字。例如：

1. 在图 6 中，说“转到‘顺利’句号后面”即将光标移到“……顺利。”的后面；
2. 说“选择前面三个字符”将选择“顺”、“利”和“。”这三个字符；
3. 说“清除选择”将取消选择；
4. 说“选择后面六个字符”将会选中“对计算机听写”这六个字符，见图 6 所示；
5. 说“这样”将会把这六个字符替换为“这样”这两个字。

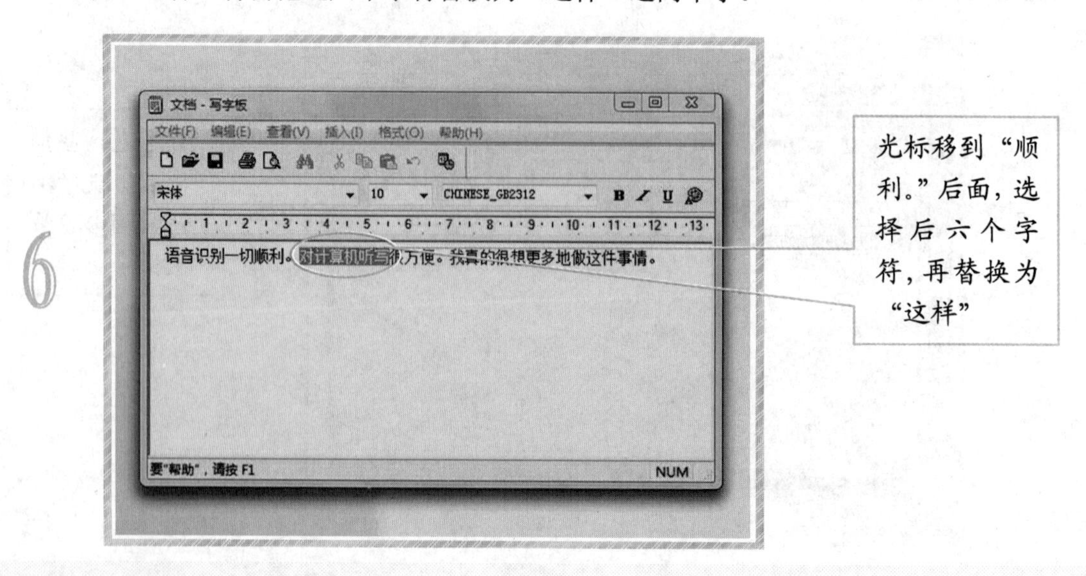

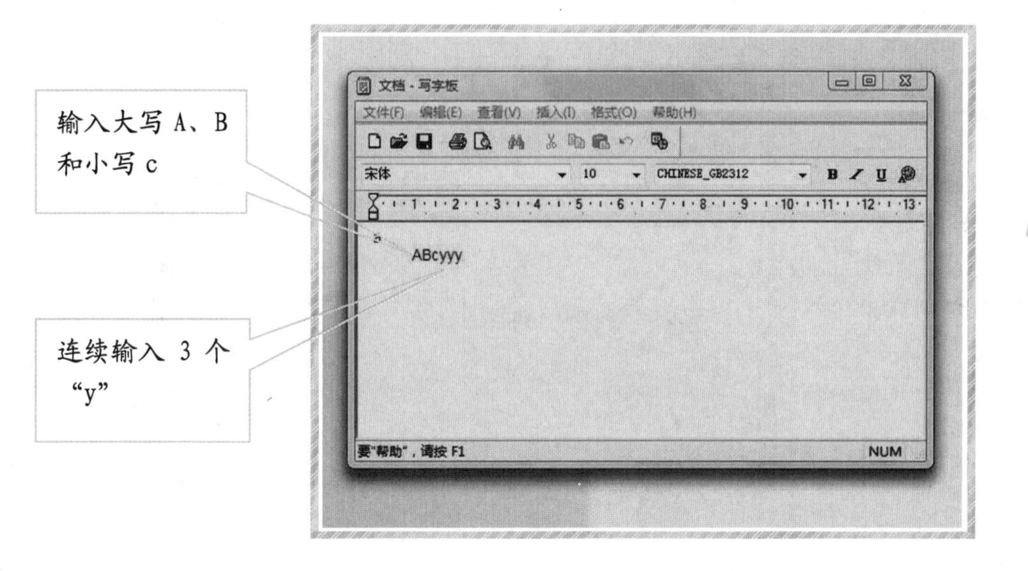

有时情况特殊，需要你逐个字母输入文本，或需要按下键盘上的按键，以便在表单或文本中进行浏览。这个时候，你可以说“按下”，然后说出键盘键。

注意，有一些常用的键盘键，“Home”、“End”、“空格键”、“Tab”、“Enter”和“Backspace”，使用之前不需要先说“按下”。我们举个例子来帮助大家理解：

1. 说“按下 a”以输入“a”，说“Enter”来回车换行；
2. 说若干次“空格键”来添加空格；
3. 依次说“按下 Shift a”,“按下大写字母 b”和“按下 c”、“按下下箭头”以输入“ABc”；
4. 说“按下 Control Home”以同时按下 Ctrl 和 Home 键，使光标回到文档开头；
5. 说“按下下箭头”，光标将移到下一行。说“（按下）End”，光标将移到本行末尾；
6. 说“按下‘y’3 次”，将输入三个“y”（见图 7），这么灵活的输入机制，很神奇吧！

另外，对于某些英文键盘键“Home”、“End”、“Tab”、“Enter”和“Backspace”，可用其中文名听写输入，这些在帮助文档中可以查到（见图 8）。

按下以下键盘	说出的内容
shift	移动键
control	控制键
alt	激活键
enter	回车键
tab	制表跳格键
backspace	退格键

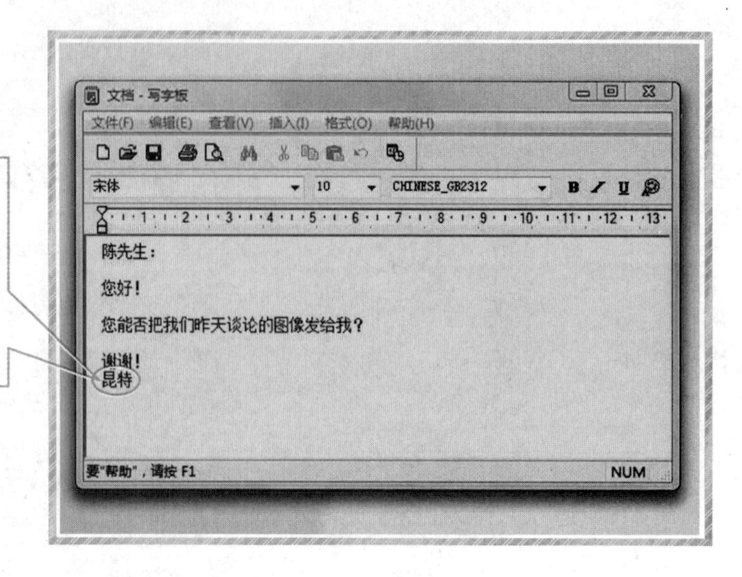

接下来，我们以编写邮件为例，介绍更多的听写功能：

1. 首先说“陈先生冒号”；
2. 听写完称谓，接下来要换行了，我们可以说“新段落”或“换行”，将另起一行；
3. 说“您好感叹号”，并说“新段落”再次换行；
4. 说出你想输入的邮件正文；
5. 此时需要署名了，说“Quentin”，你会发现，这时系统犯了一个错误，它将“Quentin”误识别为“昆特”（见图 9）。系统不知道“Quentin”这个字，要教它这个英文单字，需要使用拼写面板。因此，这里先要说“删除昆特”；
6. 说“拼写”以启动拼写面板，然后依次说出“大写 Q”“u”“e”“n”“t”“i”“n”来输入每个字母，最后说“确定”（如图 10 所示）。

注意，如果你在拼写英文单词时，计算机总是听错某些字母，你可以使用谐音中文词来取代。26 个字母的谐音中文词在帮助文档中，我们在附录 3 中给出，读者可自行查阅。

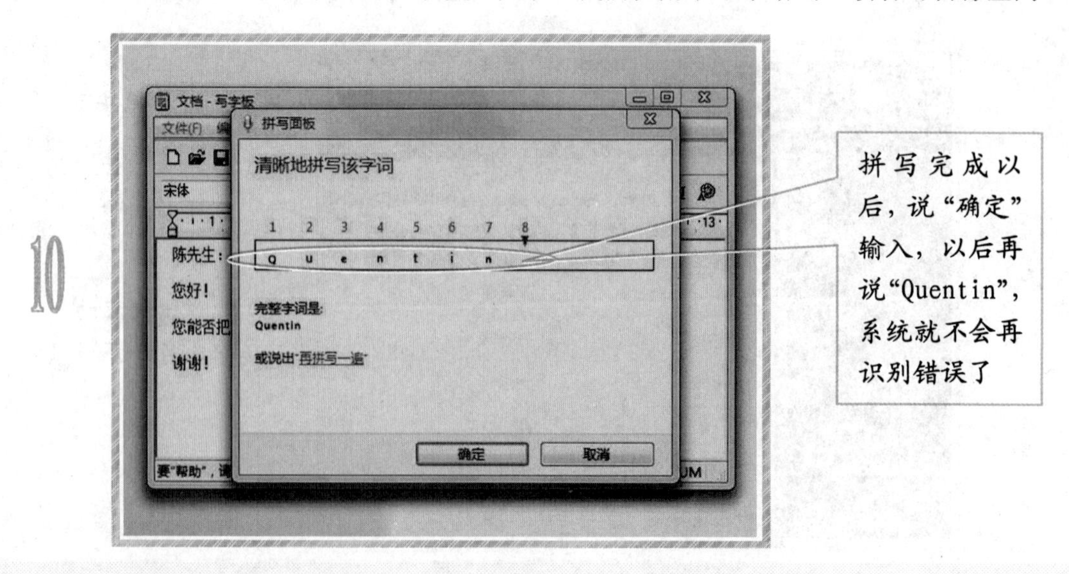

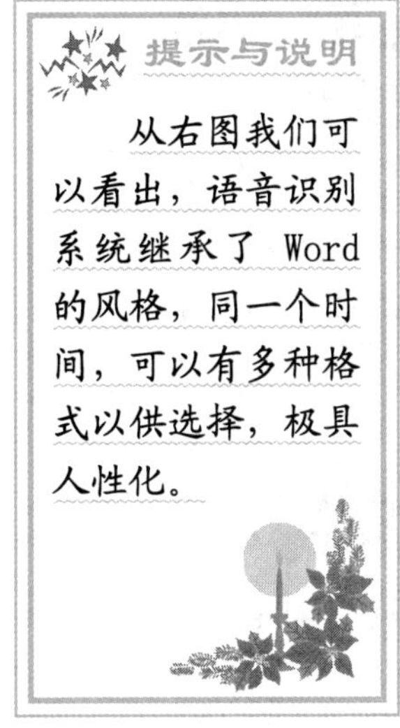

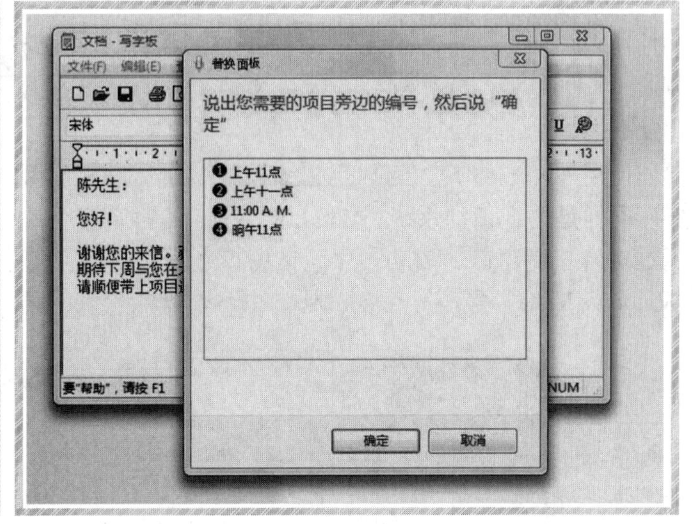

11

由于使用语音系统来听写电子邮件和我们传统打字的方法有所不同。因此，一旦输入有误需要修改会比较麻烦。对于这点，笔者建议先听写完文本的主要部分，最后再统一进行更正。如图 11 所示。

这一节我们学习了不少听写的相关知识，其实刚开始，你只需记住并掌握以下命令即可：新段落、换行；更正；选择；转到；删除；按下。随着使用听写功能的经验增加，你还会掌握更多高级的听写命令，成为语音听写的高手、快手哦！学习过程中，说"我能说什么？"，随时打开语音参考卡，它会为你答疑解惑的。

语音控制 Vista

之前我们使用 ViaVoice 时，可以用它来控制 Windows，不用键盘鼠标就可以实现不少任务的操作。同样是语音识别系统，Windows Vista 的语音识别系统当然也有这个功能了，它允许你通过声音控制窗口、启动程序、在窗口之间切换、使用菜单和单击按钮。想用语音来控制 Windows Vista？那还等什么，赶快往下看吧。

依次念出菜单名，你将发现【开始】菜单会按你的意愿翻动

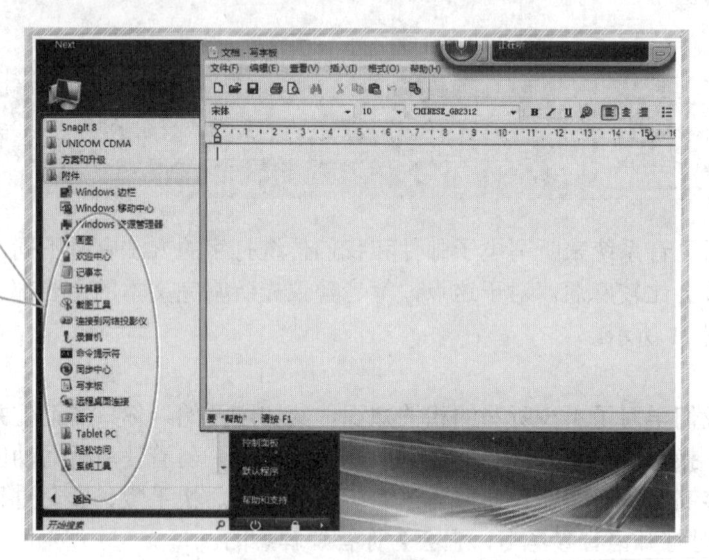

1

要完成任务，只需说出在屏幕上看到的项目名称即可。例如：假设你想打开写字板。只需要依次说“开始”、“所有程序”、“附件”、“写字板”，如图 1 所示，屏幕上将出现【开始】菜单，并最终转到写字板程序。很方便吧，我们称之为“说出你所见”命令。你可用这种方式控制计算机上的大多数程序。“说出你所见”几乎随处可用！

2

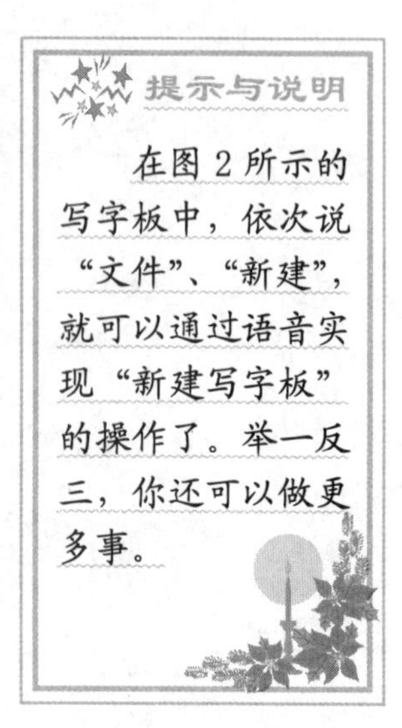

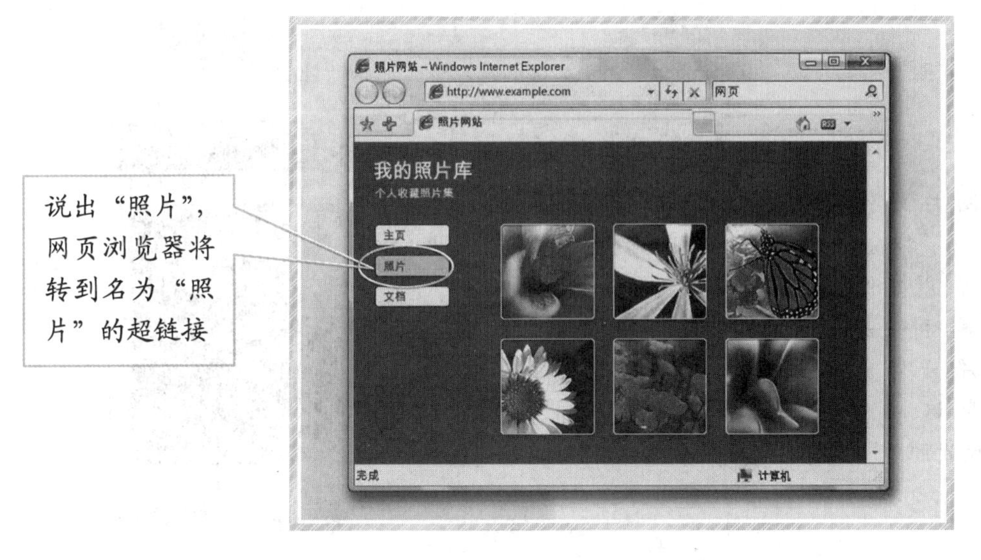

“说出你所见”命令也适用于因特网。如图 3 所示，在已经打开的示例网页中，有着多个超链接，只需说出网页上你要单击的链接名称，就可以实现网上冲浪了。

如说“照片”，将转到“照片”链接对应的页面，说“主页”和“文档”，就将转到相应的链接页面。

有的时候，“说出你所见”命令可能适用于多个项目，例如多个按钮或链接重名。系统就会让你明确指定想要选择项目。例如，要对图 4 所示页面进行操作：

1. 在“系统属性”面板的“高级”选项卡中，想要选择“性能”的“设置”按钮；
2. 说出“设置”，这时，有三个按钮是以“设置”命名的，系统一一用序号标出；
3. 说“1”，选择第一个按钮；
4. 说“确定”确认你的选择；
5. 性能选项对话框将会弹出来。

在这一节的稍后部分，我们将会学习到这个编号功能的更有效用法——“显示编号”。

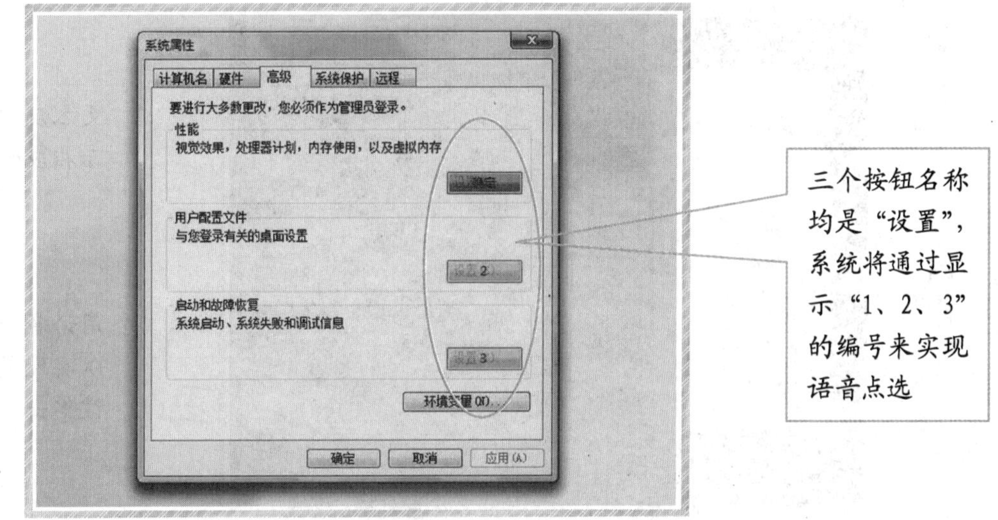

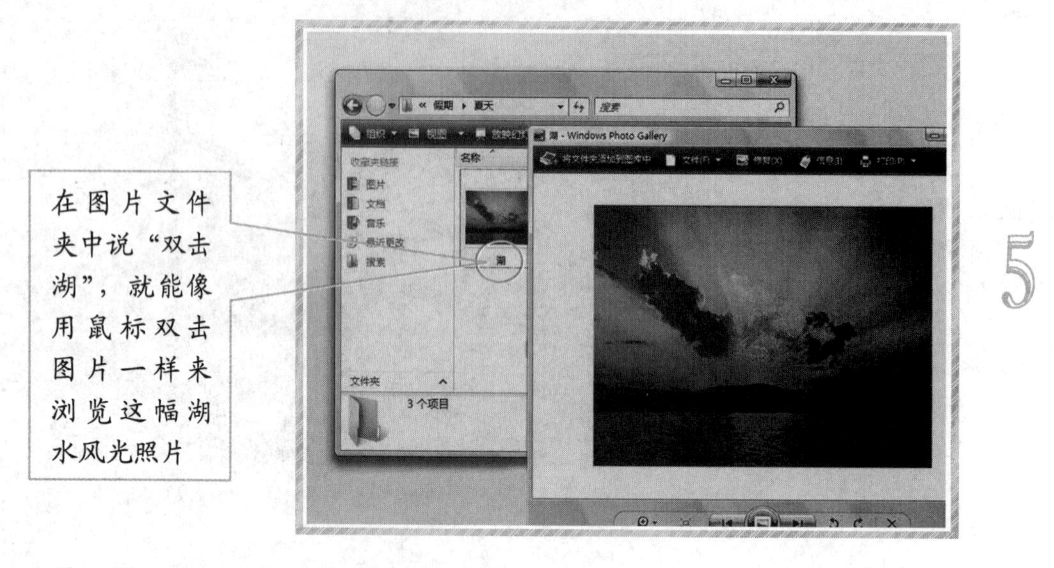

除了用“说出你所见”来实现选取操作，我们还有一个“点击你所见”功能来实现单击、双击和右键单击等更加复杂的操作。如图 5 所示，在图片文件夹中，说出“双击湖”，将打开对应名称的图片。

使用我们刚才学会的“说出你所见”和“单击你所见”命令，你可以与计算机系统中的绝大多数项目进行交互，甚至包括桌面。例如：

1. 想从任意位置转到桌面，说“显示桌面”；
2. 此时就转到了桌面，桌面上有个“测试文档”文件，说“右键单击测试文档”，将弹出选择菜单，如图 6 所示；
3. 说“删除”，并说“是”以确认；
4. 说“双击回收站”，打开回收站窗口；
5. 说“清空回收站”，在弹出确认永久删除的窗口时，说“是”；
6. 这样，连同刚才的测试文档，回收站就完全清空了。

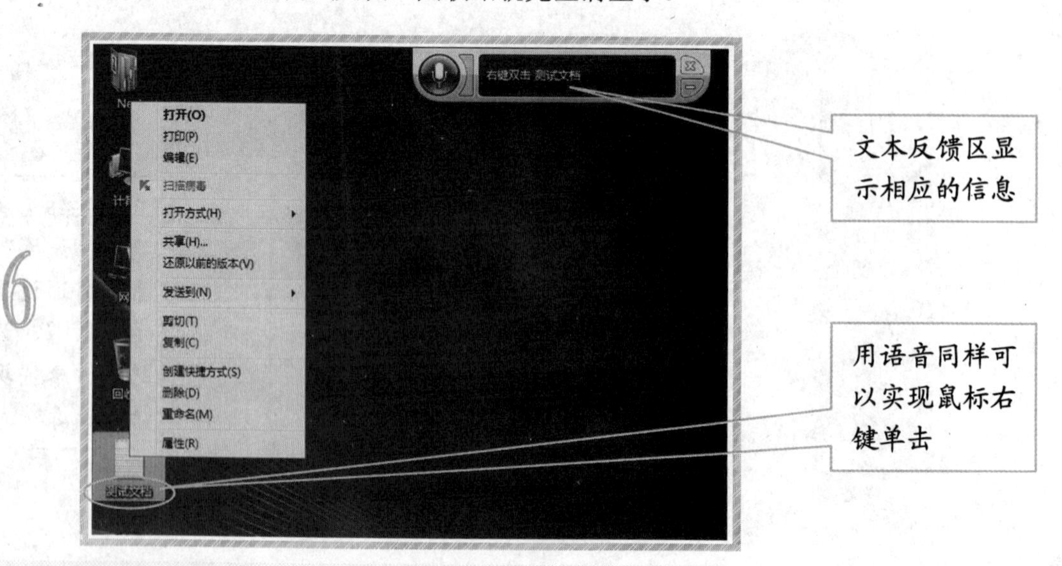

在语音系统中，你将不会再感到手足无措，对于屏幕上所有可以点选的项目，它都疏而不漏，一一编上号码了。

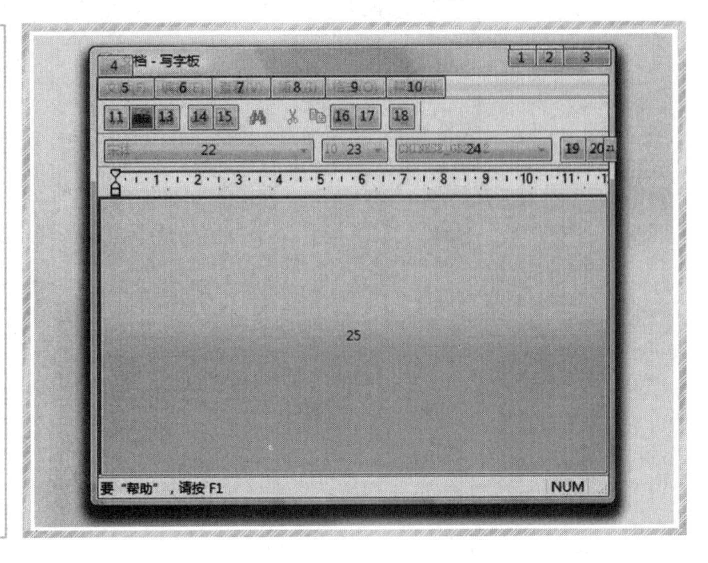

7

下面介绍“显示编号”功能，这是针对有时“说出你所见”和“单击你所见”命令不起作用而专门设计的。

如果你不知道项目的名称，就会发生这种情况。例如，如图 7 所示，写字板程序的工具栏上有按钮，但你不知道这些按钮的名称。这时，可以说“显示编号”，这样屏幕上的所有项目上方都会出现编号，你可以说出这些编号以单击项目。

这里让我们使用“显示编号”来按下工具栏上的【打开】按钮。说“显示编号”→说“12”→说“确定”，即可弹出“打开”对话框。

“显示编号”命令不只适用于程序，还适用于任何窗口，甚至在因特网上！此命令可为网页上所有的可单击项目编号，如图 8 所示。

学完本章，我们已可以与 Windows 交互并听写文字，相比 ViaVoice，Windows 语音系统是一个更灵活、高效和人性化的输入系统，满足了不想打字输入的用户。虽然系统中有一些小漏洞，但相信在不久的将来这些都会得到改善，给我们一个更完美的语音识别系统。

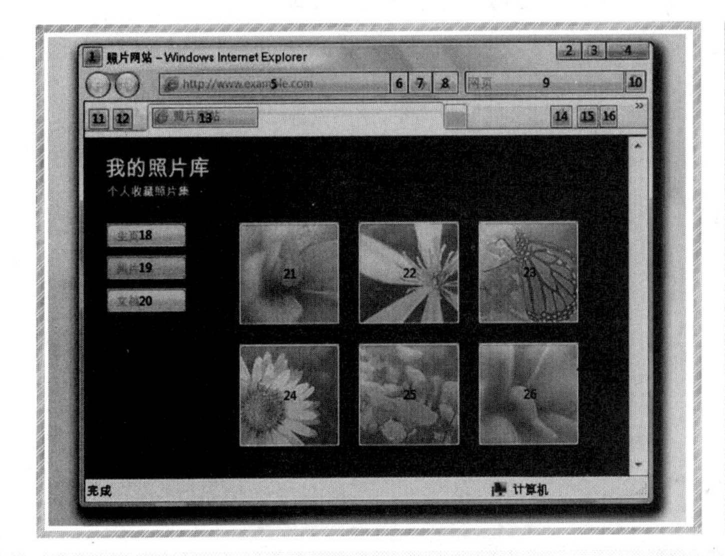

提示与说明

有了 Windows 语音系统，以后上网冲浪都用不着鼠标了，备好一杯茶，拿着麦克风，翘起二郎腿，好好享受吧！

第5章 轻松一键，OCR 输入系统

本章要点

- ☑ 安装汉王文豪 7600
- ☑ 扫描利器——HWScan 的使用
- ☑ “文本王”的使用
- ☑ 汉王屏幕和照片摘抄

提到扫描仪，相信从事政务、商务和教务办公，或是经常要进行大量文稿文字录入工作的朋友一定不陌生，它可以扫描纸面上的文字图案等内容，然后以图片的格式保存在电脑上。

当今的 OCR 技术（Optical Character Recognition，光学字符识别技术）本事更大，还能够分析扫描仪生成的图片文件中的文字，转换成文本文件。试想一下，不管是报纸杂志、传单海报，还是文稿照片，只要上面有字儿的，都逃不过它的火眼金睛。只需被它扫描一遍，几秒钟，就变成了电脑里一个一个的字符文字，以供我们在 Word 或是记事本里面进行修改和编辑，这可比专业的录入人员强多了！这就是我们要介绍的最后一种不需打字的输入方法——OCR 系统。

安装汉王文豪7600

提到OCR系统，当然还要谈谈汉王公司了，它不仅在手写领域一枝独秀，OCR技术也十分出色。针对不同的应用领域，主要有文本王、E摘客、名片同和文本仪等几个系列的产品，如图1所示。我们就以功能较全、应用也普遍的“汉王文本王 文豪”系列为例，讲述汉王OCR输入系统的安装、调试和使用。该系列目前最新的型号是“文豪7600”（见图2）。

针对不同应用领域的汉王OCR大家族

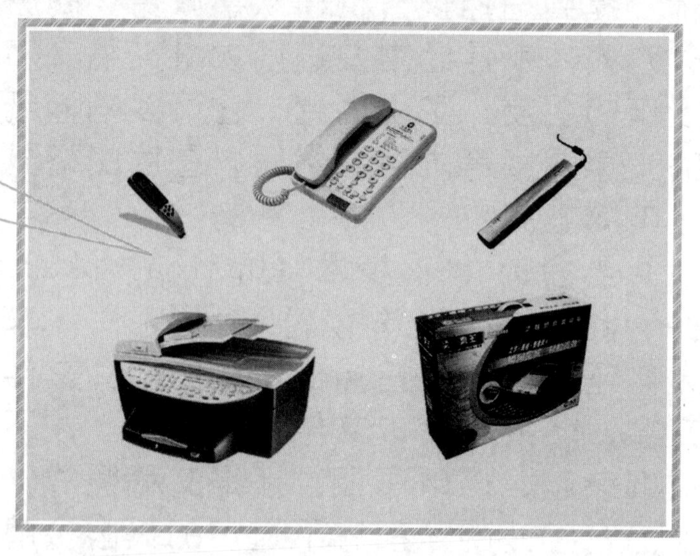

1

文豪7600是一款为从事政务、商务、教务办公的单位用户而专门研制的文字、表格、图像高效OCR输入系统。它是文本王2006年的新产品，拥有高达99.5%的印刷文稿识别率。相比以前的产品，还设计了更人性化的操作界面，扩展了识别范围，提高了录入正确率。尤其是新增了对数码照片、CAJ、PDF等电子图片的识别，能极大地提高办公效率。

2

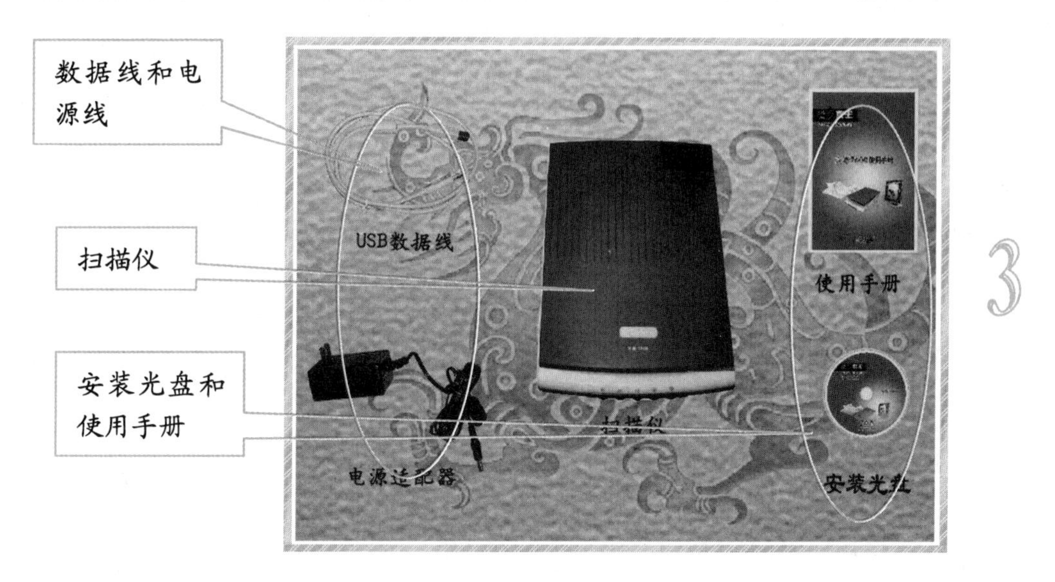

从电脑商店抱回“大文豪”，就得把它装上电脑了。如图 3 所示，打开包装盒，主要有扫描仪、安装光盘、使用手册和一些数据线、电源线之类的。为保证顺利安装，我们采取先软件后硬件的步骤，先安装扫描仪驱动、小钥匙驱动和汉王文本王软件，之后再将扫描仪和小钥匙连接到电脑上。

将安装光盘插入光驱，正确读盘之后，安装菜单会自动弹出。如图 4 所示，主要关注的是“扫描仪驱动”、“小钥匙驱动”和“汉王文本王”这三项。如果安装菜单没有自动弹出，你也可以进入【我的电脑】|【DVD/CD 驱动器】，双击“autorun.exe”文件来运行安装菜单。

首先是安装扫描仪驱动，点击列表中的“扫描仪驱动”，即可出现一个叫做“HWScan V6.3（7600 series）”的扫描仪安装界面。安装过程很简单，没有太多操作，只需按照提示选择语言“中文（简体）”、点击【下一步】即可，接着会弹出一个“未通过 Windows 徽标测试”的警告，不必在意，只管点击【仍然继续】。最后就出现“安装完成”的窗口了。

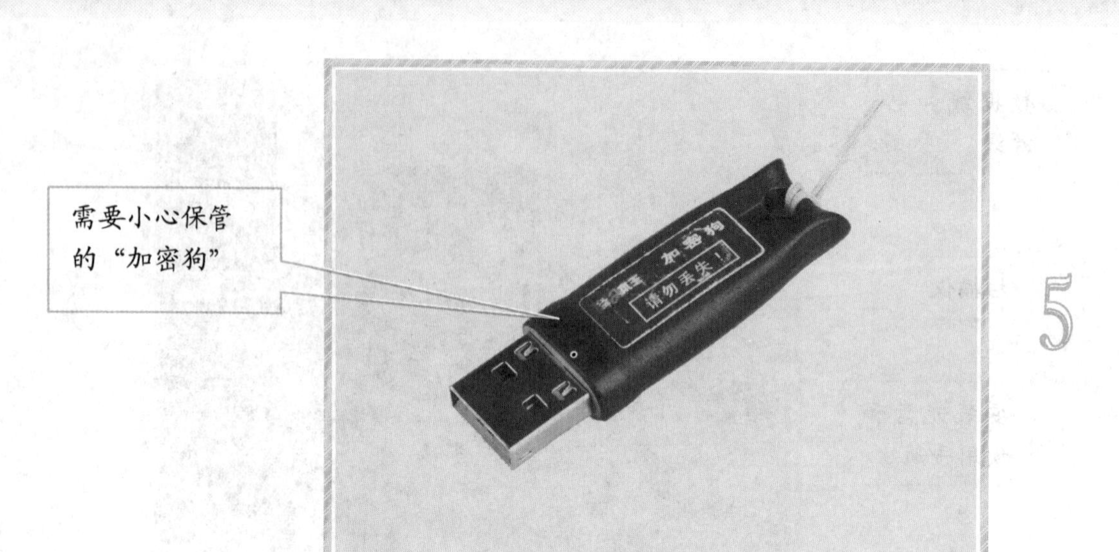

接下来是安装“小钥匙”驱动。所谓“小钥匙”，其实是一个类似优盘的加密狗（见图5），采用 USB 接口，使用过程中千万要留心，不要损坏或是丢失，没了这只“小狗”，很多软件的功能都无法正常使用。

点击安装菜单中的“小钥匙驱动”，就会弹出“小钥匙”驱动程序的安装界面，选择“U.S.English”并点击【OK】，然后点击【Next>】，接着选择“I accept the…”并点击【Install>】，等待一会儿以后，就会出现最后安装成功的【Finish】按钮。

最后，要安装的软件是“汉王文本王”，也就是以后要用得最多的工具。点击菜单中的【汉王文本王】，就会出现安装界面，按照提示点击【下一步】，选择安装路径和附赠的软件，等到安装进度条到达 100%，就完成了文本王软件的安装。

至此，驱动和软件的安装就完成了。我们接下来安装硬件。

首先是扫描仪。将扫描仪从包装盒中取出，见图 6，天蓝色的顶盖和白色的机身透露出稳重和典雅。机身两侧还有防滑的磨砂设计，防止搬动时扫描仪滑落。

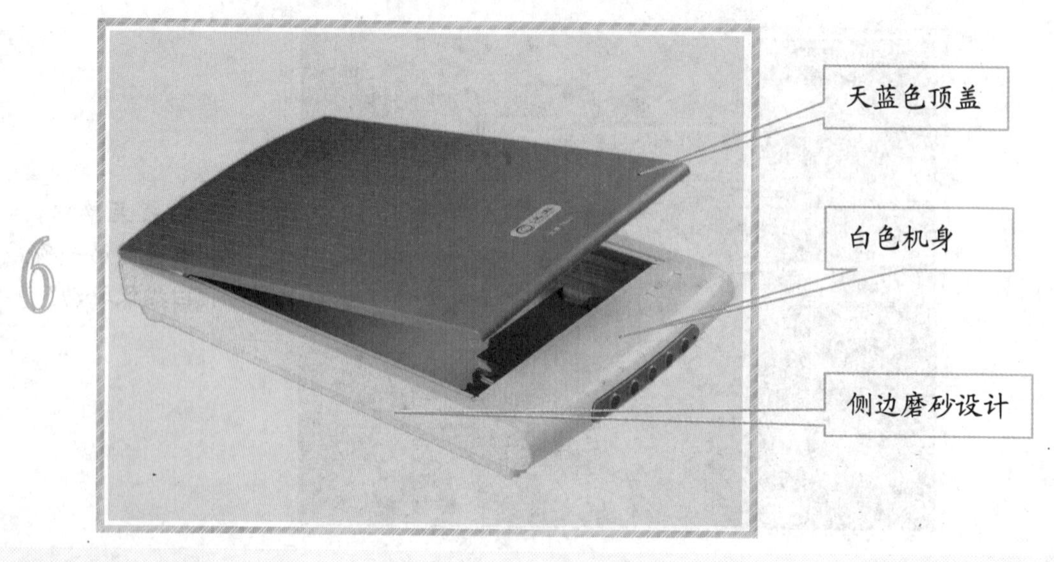

提示与说明

扫描仪正面的按钮面板，在下一节我们将详细介绍各个按键的功能和具体设置方法。

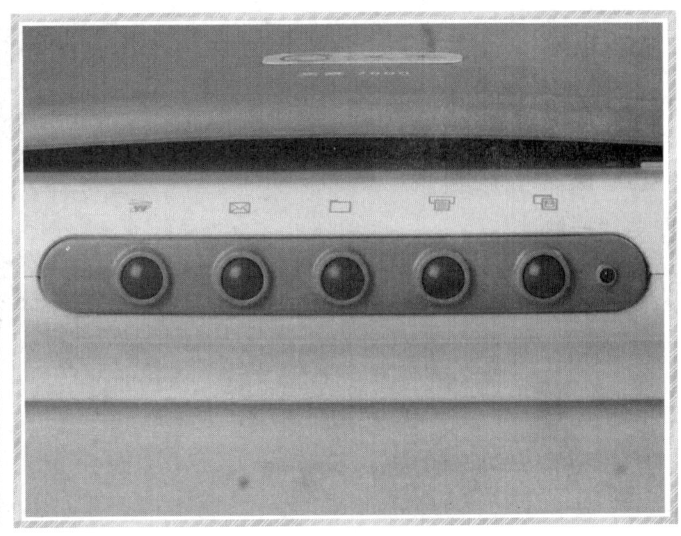

7

如图 7 所示，扫描仪正面是常用的五个快捷键，包括咱们待会儿要介绍的“一键 OK”功能。按键右边是工作状态的指示灯。扫描仪的顶盒采用了可分离的设计方式，这样扫描再厚的东西也不用担心了。需要注意的是，文豪 7600 的扫描锁设计在了翻盖内部，你搬动扫描仪时可要注意。

扫描仪的安装主要是连接两条线，将扫描仪放置在水平的桌子或平台上面。首先连接 USB 数据线，将数据线两头中较小的插口连接到扫描仪背面的方形数据口，再将数据线另一头插到电脑主机箱上的 USB 接口；然后是连接电源适配器，通过它将扫描仪背后的圆形电源接口和电源插座相连。这样，扫描仪即可通电启动。

此时，计算机会显示找到新硬件窗口。选择【控制面板】|【扫描仪和照相机】，在弹出的“HW Scanner 7600 series”窗口中，选中“HWScan 6 (7600 series)”，如图 8 所示，并且将窗口下方“总是使用该程序进行这个操作（A）”前面的方框勾选中，点击【确定】完成。这样，扫描仪的按键就可以方便使用了。

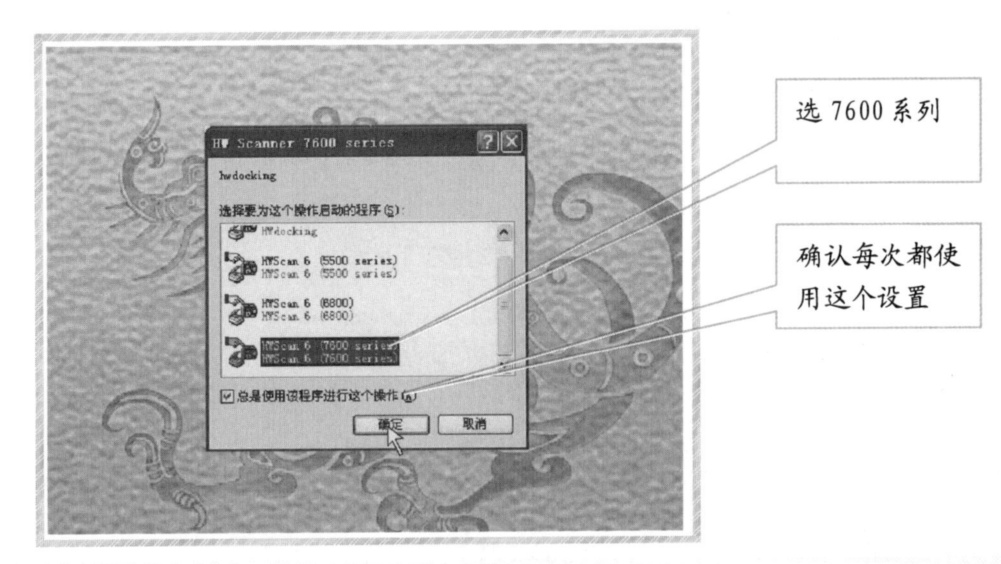

8

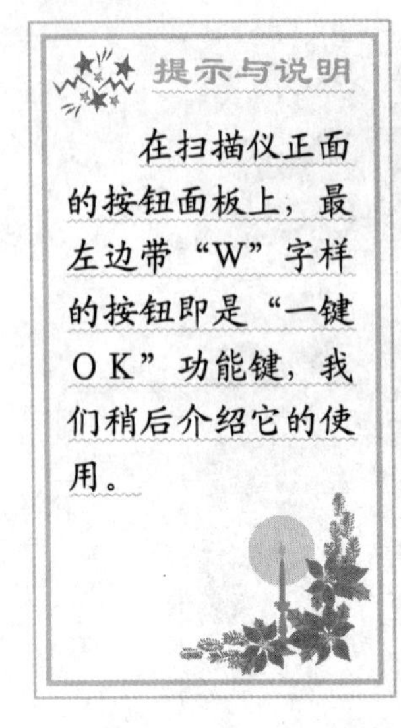

9

接下来安装“小钥匙”，将“小钥匙”插到电脑机箱上的 USB 口，当“小钥匙”的指示灯无闪烁地亮起，就说明它已经开始正常启动。

好了，繁琐的安装总算完成了，休息一下吧。

现在，你只需要按下扫描仪正面最靠左的按钮 ——“文本王按钮”（如图 9 所示），就可以启动“文本王一键 OK”程序了，这将是我们以后最常用的一个功能。不过先别着急，接下来要学习的可不是如何采用 OCR 输入文字，而是如何使用扫描仪扫描文档。这可是 OCR 识别的基础，只有基础打好了，识别起来才能又快又准。

扫描利器——HWScan的使用

如图1所示，OCR的识别过程总共有两步，第一步是将目标文稿上的内容一点不落地扫描一遍，不管是文字，还是图案，最终生成一个图片文件，就像一般的扫描仪一样。第二步就是分析生成的图片，将文字提取出来，生成一个一个的字符，将图案单独保存起来，最终就形成了原文稿的电子版。这一节，我们就来说说第一步，这文稿该怎么扫！

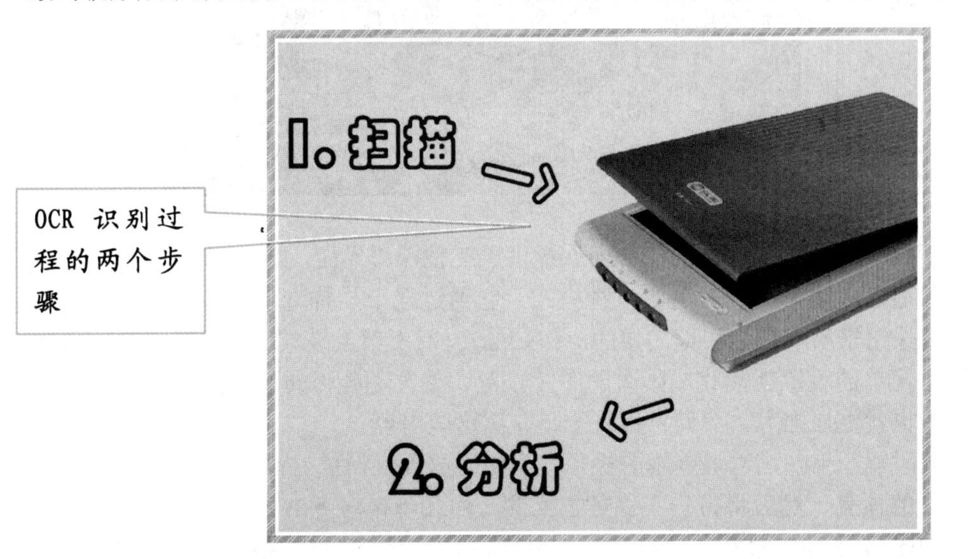

OCR 识别过程的两个步骤

1

文豪7600解决扫描问题采用的是汉王公司自己设计的HWScan软件，它整合了扫描仪和文本王软件，不仅可以协助你方便快捷地扫描图像，还能调节扫描效果和系统选项。根据你的需要，可以用HWScan6扫描报纸、相片、文件、底片等。为了使HWScan能够平稳有效地运行，建议你的计算机系统配置能满足如图2所示的需求：

系统配置

硬件	最小要求
CPU（x86）	pentium II/Cclcron 以上
内存	至少 64MB
磁盘空间	大于 400MB
显卡	增强色，800×600 以上
USB 类型	**操作系统**
USB 2.0	Windows Me/2000/XP/Vista
USB 1.1	Windows SE/Me/2000/XP/Vista

2

提示与说明

HWScan 所需的硬件配置要求并不高，相信现在大部分用户的电脑都可以流畅地运行它。

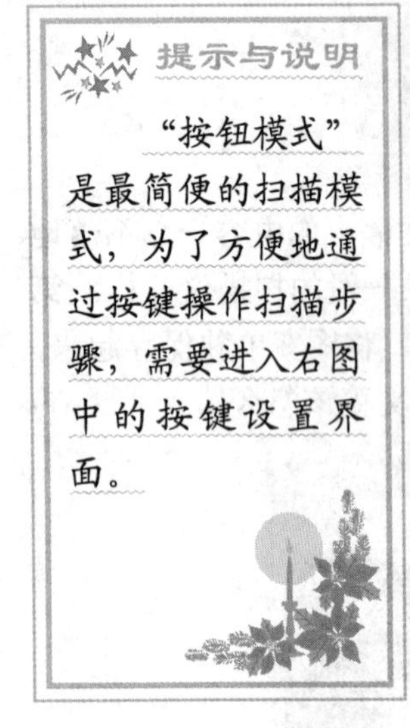

提示与说明

“按钮模式”是最简便的扫描模式，为了方便地通过按键操作扫描步骤，需要进入右图中的按键设置界面。

3

为了满足不同用户的操作需求，HWScan6 提供了三种操作界面，如图 3 所示，其中“按钮模式”将是普通家庭用户最常使用的一种模式，它通过四个扫描选项自定义按钮和一个汉王文本王扫描按钮来实现最为快捷简便的一键扫描功能；“精灵模式”提供了扫描图像的操作界面，通过简单的设置就能完成强大的图片预览、处理功能；传统模式的界面则更加专业，相对功能也就更加强大。我们稍后将一一介绍这些内容。

首先我们要了解一下扫描时最基本的操作——如何放置待扫描材料。

打开扫描仪的顶盖，然后将待扫文稿需扫描的一面朝下，对齐右下角放置在扫描仪的玻璃面板上，如图 4 所示，最后盖上顶盖。如果待扫对象厚度超过扫描仪内部厚度，还可将顶盖拆下，最后放置在待扫对象上部即可。这样就可以开始扫描了。

“按钮模式”：这是最简捷的一种模式，在扫描仪上有若干个按钮，每个按钮都具有执行一系列扫描操作的功能，通过这一系列按钮，你就可以完成扫描任务的设置和执行，无须复杂的设置和调节，简单明了，这就是“按钮模式”的特点。

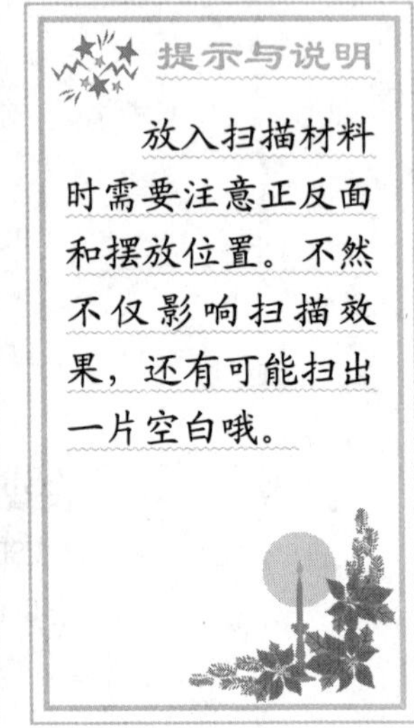

提示与说明

放入扫描材料时需要注意正反面和摆放位置。不然不仅影响扫描效果，还有可能扫出一片空白哦。

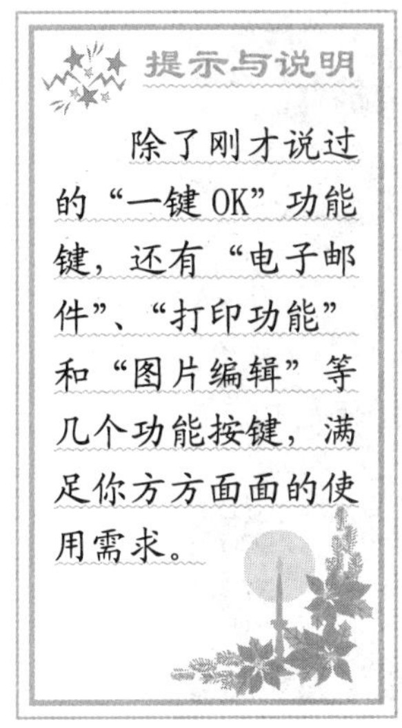

提示与说明

除了刚才说过的“一键OK”功能键，还有“电子邮件”、“打印功能”和“图片编辑”等几个功能按键，满足你方方面面的使用需求。

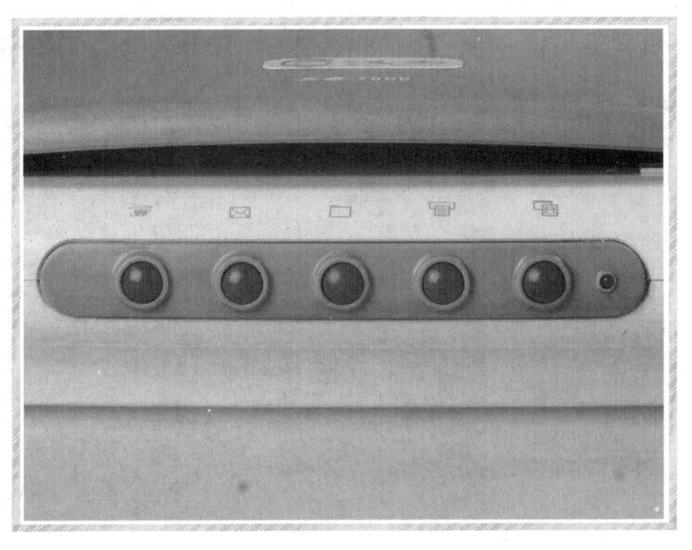

5

扫描仪上总共有五个按钮，见图5，从左往右依次是“汉王文本王按钮”、“电子邮件功能按钮”、“扫描功能按钮”、“打印功能按钮”和“图片编辑功能按钮”。其功能分别是：

1. 汉王文本王：启动汉王文本王程序扫描并识别图像，也就是一键完成扫描任务。
2. 电子邮件功能：扫描图像时设置色彩类型和分辨率，然后传送给指定的电子邮件程序，以附件的形式发送图像。
3. 扫描功能：扫描图像时设置色彩类型和分辨率，然后将图像保存到指定的路径。
4. 打印功能：扫描图像时设置色彩类型（彩色和灰度）和分辨率，然后打印图像到指定的打印机。
5. 图像编辑功能：扫描图像时设置色彩类型和分辨率，并传送到图像编辑应用程序。

简单地说，第一个按钮负责扫描和识别文档，后面四个按钮负责调节图像并且保存到不同的地方，如电子邮件、打印机、图片编辑软件等。这四个按钮的功能还可根据需要进行修改和设置：选择【开始】|【程序】|【HWScan V6】|【Button configuration】（见图6）。

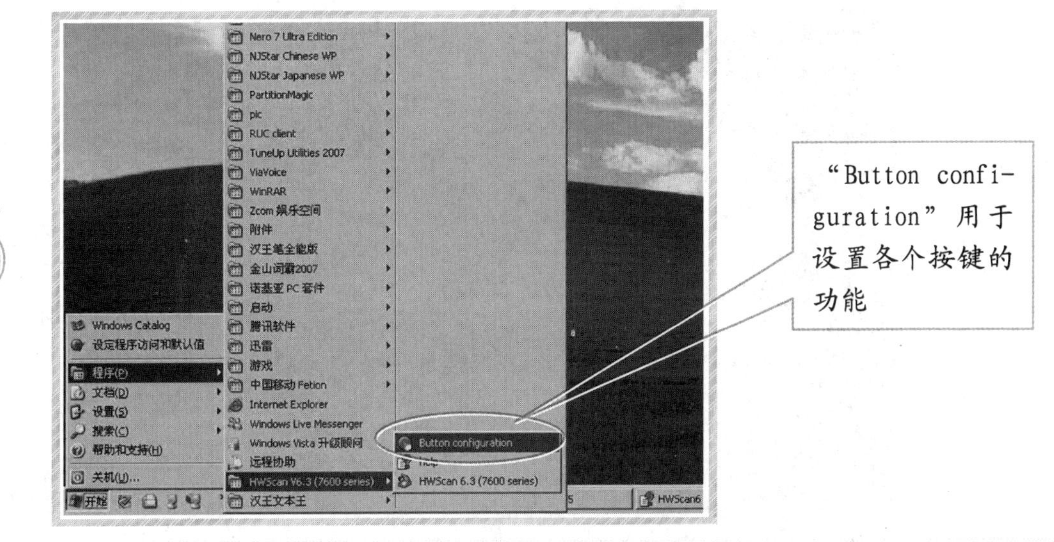

6

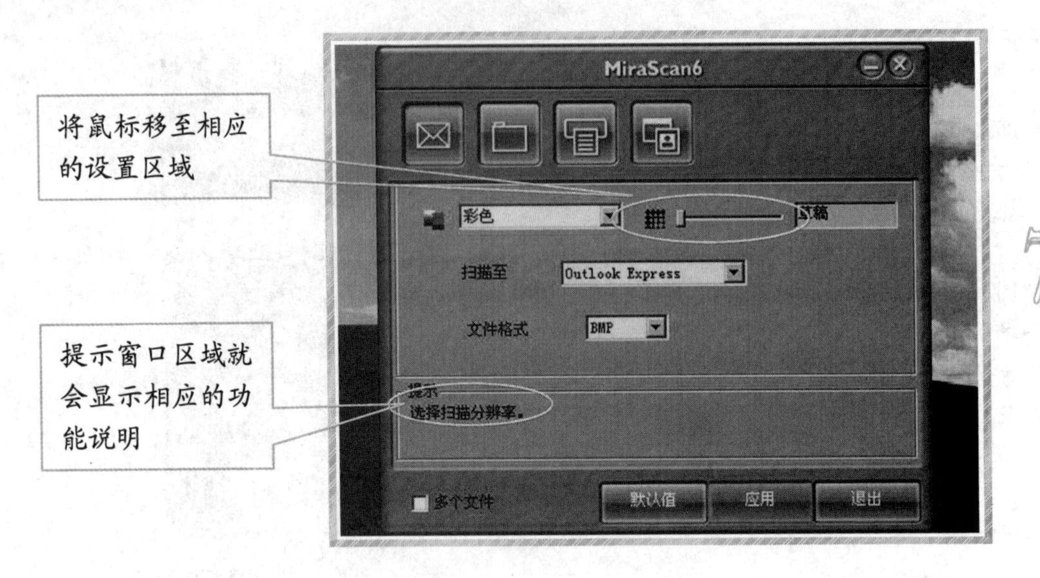

在图 7 弹出的按钮设置窗口中，首先是设置“电子邮件功能设置”按钮，其中“彩色模式”用来调节图像的色彩类型，默认是彩色，还有灰度、黑白两种选择；“扫描分辨率”由低到高有“草稿”、“标准”、“精美”和“艺术”几种选项，对应的分辨率分别是150DPI、300DPI、600DPI和1200DPI；“扫描至”选项用来设置发送图像的电子邮件程序，如Outlook、Foxmail等；“文件格式”选项用来设置文件保存的格式，目前只支持BMP这一种；“多个文件”选项，选中以后，HWScan6就会自动框选包含多个图像的源文件。设置完成后点击【应用】、【退出】即可，也可以点击【默认值】恢复默认选项。

点击“扫描功能设置”按钮，这里大部分设置选项和电子邮件类似，不过“扫描至”选项将选择图像保存的文件路径，支持BMP、TIF、GIF、PCX、TGA和PNG类型，扫描后，图像保存到你选定的本地磁盘文件夹中，默认文件夹名为“yyyymmdd”，即“年月日”。

点击“打印功能设置”按钮，这里不同的是“打印机选择”选项和“打印机设置”选项，分别选择打印图像的打印机和打印之前对打印机参数、打印区域、份数等的设置。

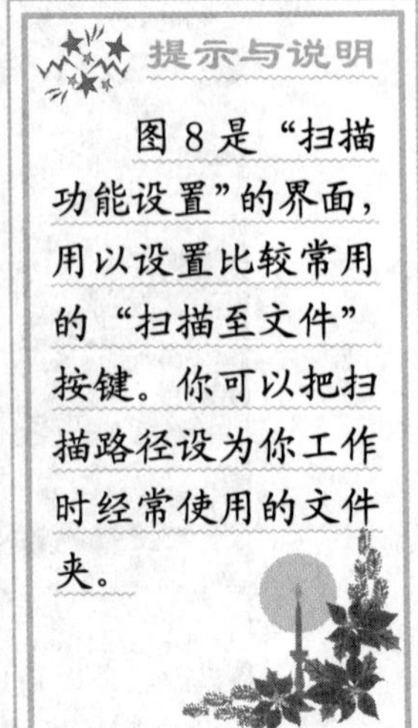

提示与说明

图 8 是“扫描功能设置”的界面，用以设置比较常用的“扫描至文件”按键。你可以把扫描路径设为你工作时经常使用的文件夹。

9

需要注意的是，打印功能设置中，图像打印的最大分辨率以打印机设置的分辨率为准，例如打印机打印分辨率设置为600DPI，而在扫描分辨率1200DPI的情况下打印图像，图像仍将以600DPI进行打印。

点击“图像编辑功能设置”按钮，这里与前者不同的仍是“扫描至”选项，这里选择的将是图像编辑软件，如MS Paint、Photoshop等，用以选择某个图像编辑程序对扫描后的图像进行后期处理和编辑，如图7所示。文件格式依旧是只支持BMP格式。

现在明白了吧？按以上步骤设置好了这四个键，你以后就可以完全不用进行复杂的调节和设置，只需要按几个按钮就能完成从扫描识别，到保存文件、发送邮件、打印图像等等操作。真是方便至极。

我们接着介绍精灵模式，你可能要问，既然按钮模式这么好使，还介绍别的模式干啥。按钮模式虽然方便快捷，但功能毕竟有限，想要预览扫描对象、做简单的编辑，还得使用精灵模式。选择【开始】|【程序】|【HWScan V6】|【HWScan 6.3（7600 series）】（见图10）。

10

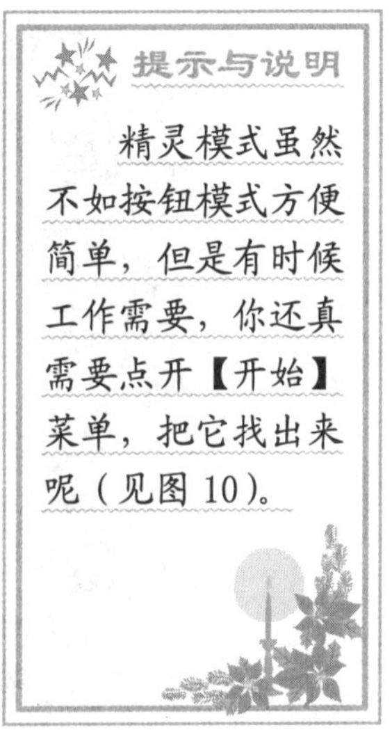

提示与说明

“精灵模式”的界面比较复杂，感觉更像个编辑软件了，左边大量的工具按钮，可以修改和调整需要扫描的区域选框。

11

图 11 就是 HWScan6“精灵模式”的主界面。接下来我们简单介绍一下使用“精灵模式”扫描图像的步骤：

首先按前述放入待扫描的材料，盖上顶盖。然后点击“精灵模式”界面右下角的预览按钮，即可在扫描前预览图像效果了（见图 12）。

预览图像后，你可以使用界面左侧的扫描控制工具来控制扫描区域，控制工具的种类和功能如下。：选择、移动、切换、旋转或调节选框大小；：按鼠标方向移动选框；：放大图像直到 800%；：根据预览区域的尺寸和选框大小计算分辨率，再按此分辨率重新预览；：缩小图像直到 100%；：重新执行自动功能（自动框选、自动旋转和自动类型）；：在预览区域新增选框；：复制当前选框；：删除当前选框；：切换到下一个选框；：顺时针 90 度旋转图像；：逆时针 90 度旋转图像；：水平方向翻转图像；：垂直方向翻转图像；：当前选框内图像的色彩转换为相反的色彩；：在隐藏标尺、毫米、像素和英寸之间切换标尺单位；：运行帮助文件。

12

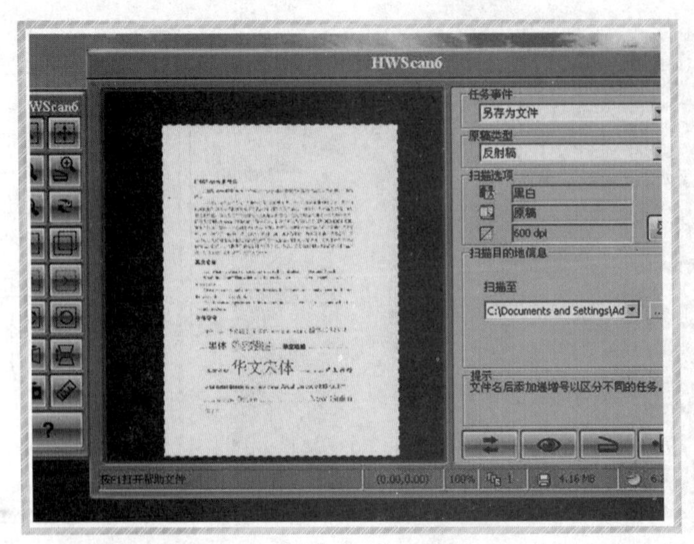

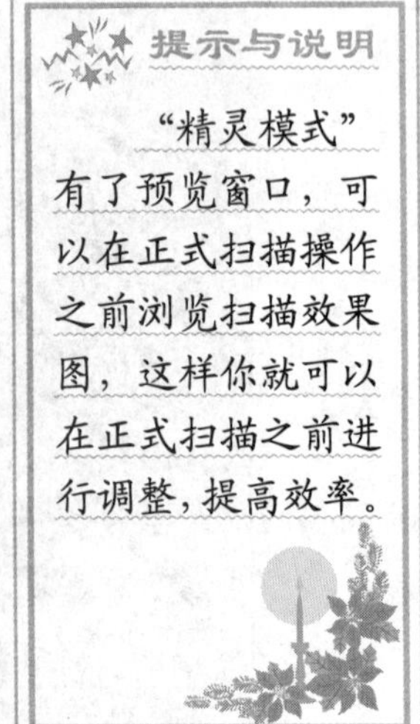

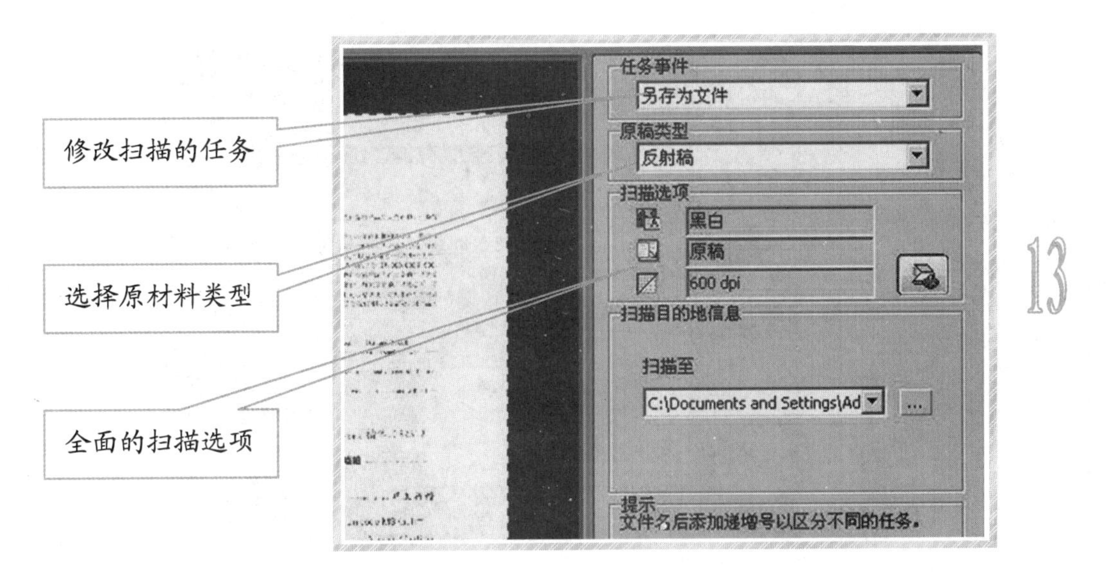

（注：上面所说的“选框”就是用户所选取的矩形预览区域，软件最后只会扫描这个矩形区域中的内容。）

调节完选框后，下一步就是选择扫描目的地及设置。这个和按钮模式中的后四个按钮设置类似。见图 13，从上往下依次是“任务事件”、“原稿类型”、“扫描选项”、“扫描目的地类型”。我们现在一一介绍它们。

“任务事件”主要有“另存为文件”、“发送邮件”、“打印图片”、“打印文档”、“图片编辑程序”、“保存为墙纸”等选项。

“原稿类型”主要可以选择“反射稿”、“透视稿”和“负片”这几种类型之一。

“扫描选项”同按钮模式类似，有扫描类型、输出尺寸和分辨率几项。右侧有一个设置按钮，打开后如图 14 所示，可以进行更高级的设置，如亮度、对比度和饱和度的调节等。扫描类型有“彩色（48 位）、彩色（24 位）、灰度（16 位）、灰度（8 位）、黑白”几项；输出尺寸有“原稿、信纸、A4、B5、A5、4×6"、3×5"、名片（90 毫米×55 毫米）”；分辨率调节

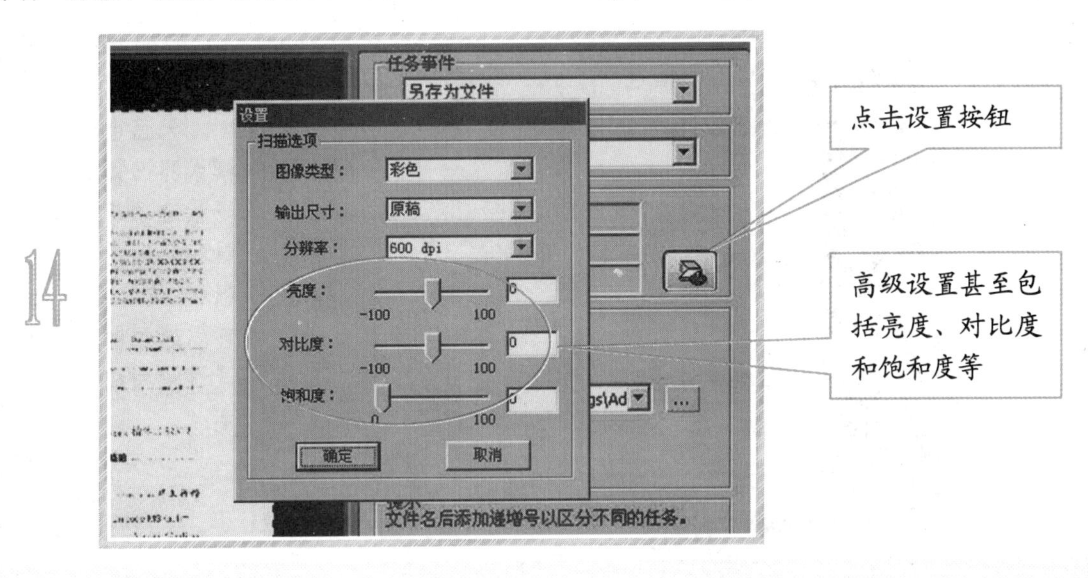

提示与说明

请耐心等待任务完成，完成以后，图像将被保存为文件并传送到预先设定的位置。当设定为多页扫描时，任务将在全部完成后统一处理。

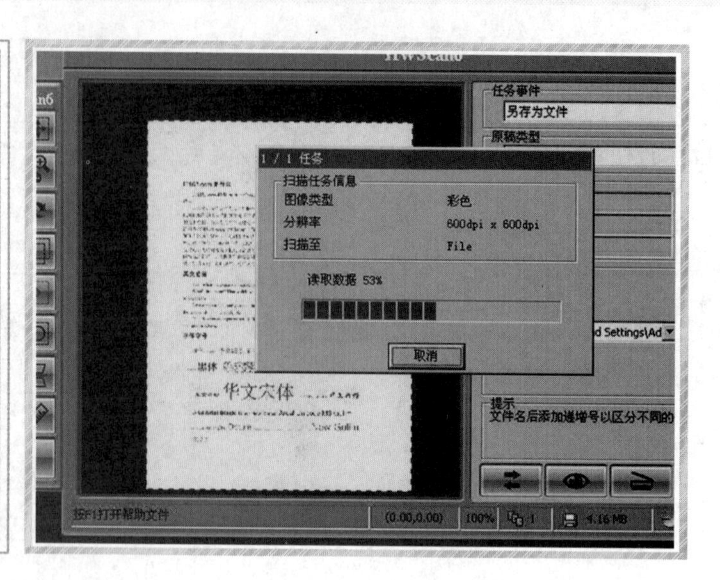

15

最低是 75DPI，最高可达 19200DPI；亮度和对比度都是从“-100”到“100”进行调节；饱和度从“0”到“100”进行调节。怎么样，这比按钮模式的选择性要强得多吧。

“扫描目的地类型”的设定根据“任务事件”的不同而有所变化，可以选择保存文件的路径、发送邮件的程序、打印机设置、图像编辑软件和设为墙纸的形式等等。

“目的地”和各项参数设置完后，接下来就可以扫描图像了。点击右下角的“扫描”按钮开始扫描。扫描过程中，程序会显示扫描进度条，如图 15 所示，完成以后，图像就会根据你之前的目的地设置传送到指定的位置了。

这样的扫描过程虽然比按钮模式复杂一些，但是功能更多，可调节参数的范围也增大了，更适合有特殊用途或是较为专业的用户。

最后，还有一种传统模式，顾名思义，就是传统的扫描仪设置和工作界面，图 16 所示的就是这种模式的界面，加入了场景选项卡功能，很适合专业的扫描仪用户。限于篇幅，我们就不详细介绍了。对扫描步骤的介绍也就告一段落，下一节，咱们就进入识别步骤吧。

16

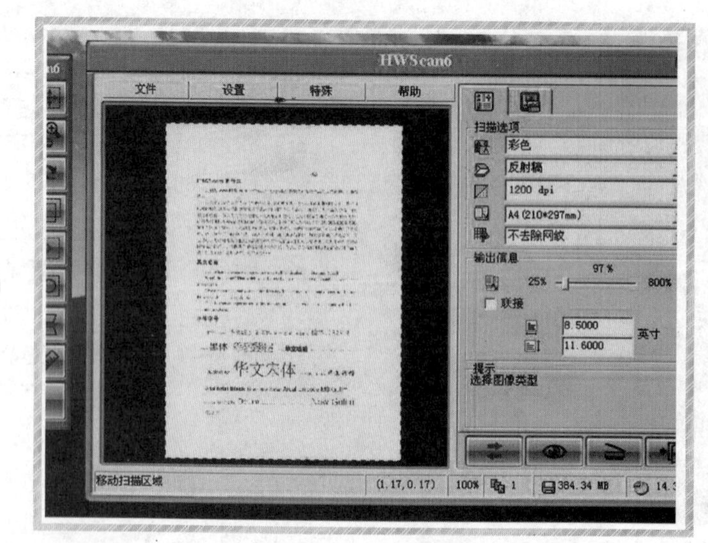

提示与说明

天蓝色的传统模式界面，拥有了场景选项卡功能，针对不同源文稿的材料、内容和用途，可以选用对应的场景进行扫描，专业、高效。

“文本王”的使用

这一节我们关注的是OCR输入的第二个步骤——分析并识别文本过程，如图1所示的那样，图片上的文字瞬间变成Word中的文本，这当然也是非常有成就感的过程。为了实现它，还要认识另一个OCR好朋友——汉王文本王，第一节咱们还安装过它呢。这一节主要学习“文本王”最主要并且最实用的两个功能：“一键OK”和专业版。

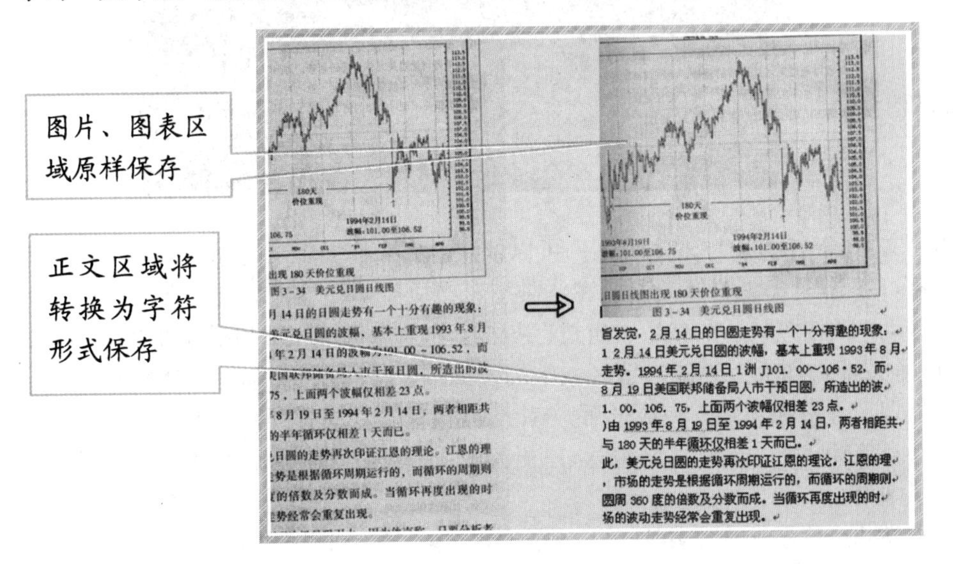

1

我们先来感受“文本王一键OK”带给我们的高效与快捷，这是汉王OCR特有的一大功能，只需轻松按下扫描按钮，文档即可输出到指定的Word文档中。首先，将待扫材料在扫描仪中放置好。然后，按下扫描仪面板上的第一个按钮“文本王按钮”来启动“文本王一键OK”，或者参照图2执行【开始】|【程序】|【汉王文本王】|【文本王一键OK】来启动它。

2

提示与说明

“一键OK”是汉王OCR特有的一大功能，要是不想用鼠标键盘选择【开始】菜单，你也可以按下扫描仪按键进行启动。

功能按钮

系统设置

扫描参数设置

输出位置选项

3

图 3 即为“文本王一键 OK”的主界面。可以依次看到操作面板上有系统设置、功能按钮、扫描分辨率、工作模式、图像类型、字体类型、文稿类型和输出位置等选项区域。我们先不作任何改动，就按照默认的参数设定进行扫描。你只需再按一下扫描仪面板上的【文本王按钮】，或是按操作面板上功能按钮区域中的【扫描】按钮，“文本王”就开始扫描，并且直接进行处理、分析和识别。完成之后，Word 文档就会自动打开，如图 4 所示，瞧，识别的结果已经直接输出到 Word 了。初尝 OCR 的成果，感觉如何，这可比一般的手写和语音输入快多了吧？

我们现在来举几个例子让大家熟悉一下各个设置区域。

首先，我们调整扫描分辨率到“600DPI”、图像类型改为“彩色”、输出位置改为“PDF”，这样扫描出来就会得到和源文件相同的彩色文档，并且输出到 PDF 文档中。

接着我们将系统设置改为“单步”，按下【扫描】按钮进行扫描,完成后“文本王”会将识别结果发送到指定识别区域窗口。在单步模式中，我们可以进行更多功能设置和识别调整：

4

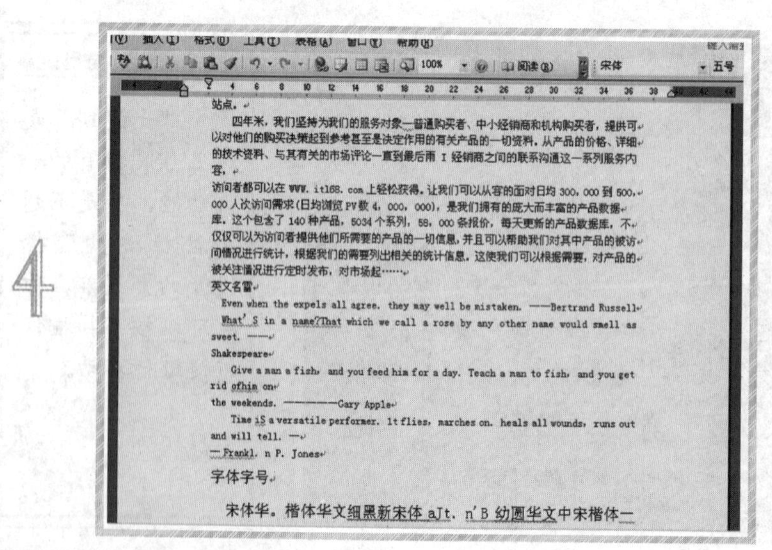
站点。

四年米，我们坚持为我们的服务对象—普通购买者、中小经销商和机构购买者，提供可以对他们的购买决策起到参考甚至是决定作用的有关产品的一切资料，从产品的价格、详细的技术资料、与其有关的市场评论一直到最后雨 I 经销商之间的联系构通这一系列服务内容。

访问者都可以在 www. it168. com 上轻松获得。让我们可以从容的面对日均 300，000 到 500，000 人次访问需求(日均浏览 PV 数 4，000，000)，是我们拥有的庞大而丰富的产品数据库。这个包含了 140 种产品，5034 个系列，58，000 条报价，每天更新的产品数据库，不仅仅可以为访问者提供他们所需要的产品的一切信息，并且可以帮助我们对其中产品的被访问情况进行统计，根据我们的需要列出相关的统计信息。这使我们可以根据需要，对产品的被关注情况进行定时发布，对市场起……

英文名雷

Even when the expels all agree. they may well be mistaken. ——Bertrand Russell

What' S in a name?That which we call a rose by any other name would smell as sweet. ——

Shakespeare

Give a man a fish，and you feed him for a day. Teach a man to fish，and you get rid ofhin on

the weekends. ————Cary Apple

Time iS a versatile performer. 1t flies，marches on. heals all wounds，runs out and will tell. —

—Frankl. n P. Jones

字体字号

宋体华。楷体华文细黑新宋体 aJt. n' B 幼圆华文中宋楷体一

提示与说明

扫描后的内容将输出到相应文档中，可以看出，对特殊图形、文字，OCR 系统难免会有错误，你可以做后续修改和校对。

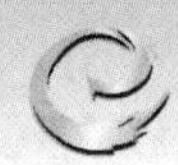

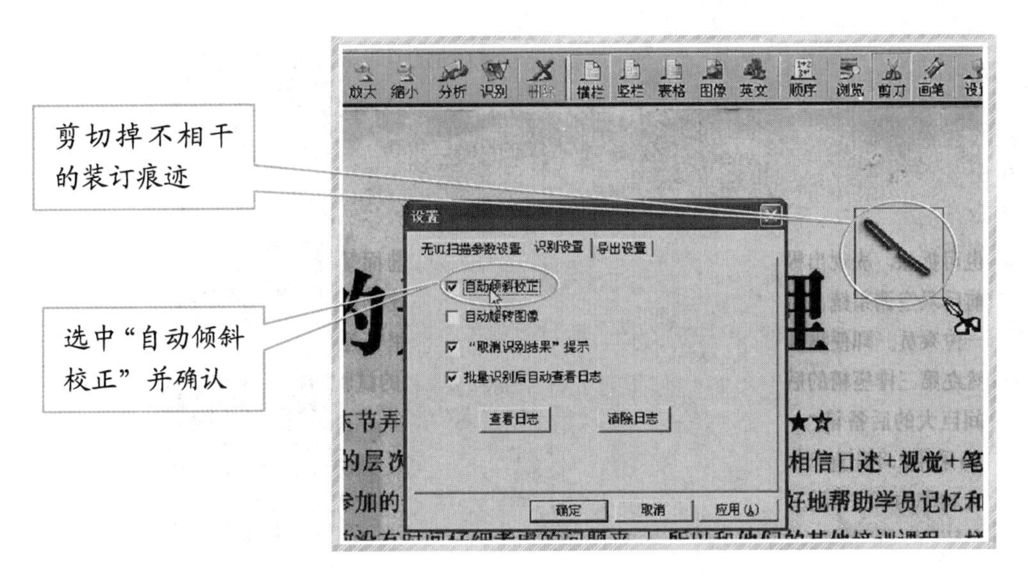

1. 去除噪点。源材料上可能会有多余噪点和与内容不相干的部分，例如图5所示的装订痕迹，我们就可以使用图像剪切工具，将其去除；又如，如果文字内容出现倾斜，我们也可以进入设置窗口，如上图，选中“自动倾斜校正”，确定退出，系统就会自动调整倾斜度以完善识别效果。还可以实现放大缩小图像、手动调整倾斜度、指定识别区域类型（横栏、竖栏、表格、图像和英文等）等等操作；
2. 手动校对。完成上步操作以后，单击工具栏上的【识别】按钮，进入如图6所示的“校对窗口”。因为“文本王”系统识别难免会有错误的地方，在这个窗口中我们可以进行人工的校对工作。“文本王”拥有“可疑字”校对功能，系统会自动用红色标注出可疑字，由你进行确认或修改，另外为方便工作，“文本王”还设有快捷键功能，按下【Ctrl+Tab】键，系统将向后找可疑字，【Shift Tab】为向前找可疑字；
3. 输出保存：校对完成以后，选择工具栏上的按钮，就可以将校对结果发送到Word、RTF等文档或保存到文件之中。

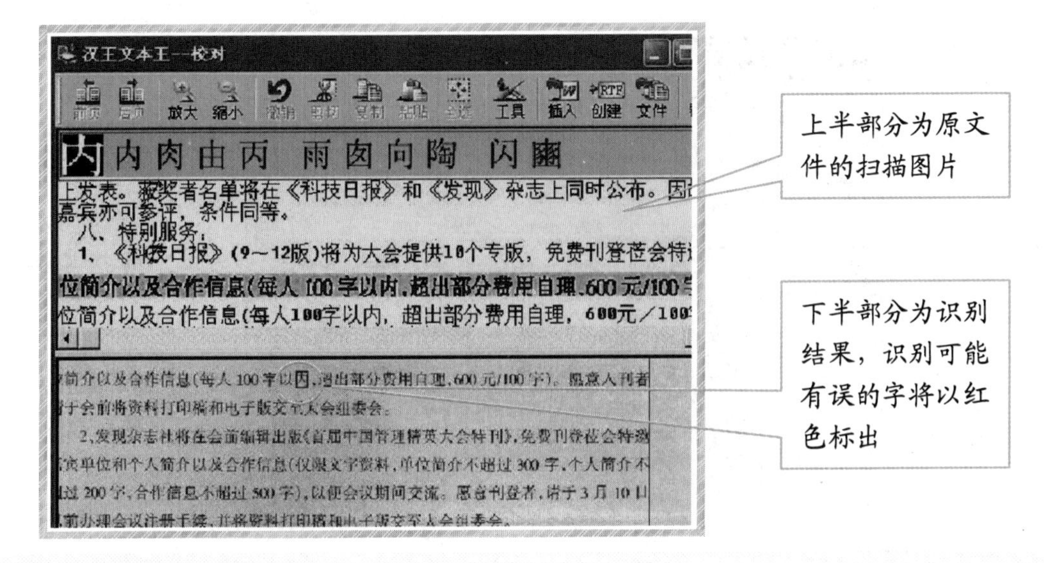

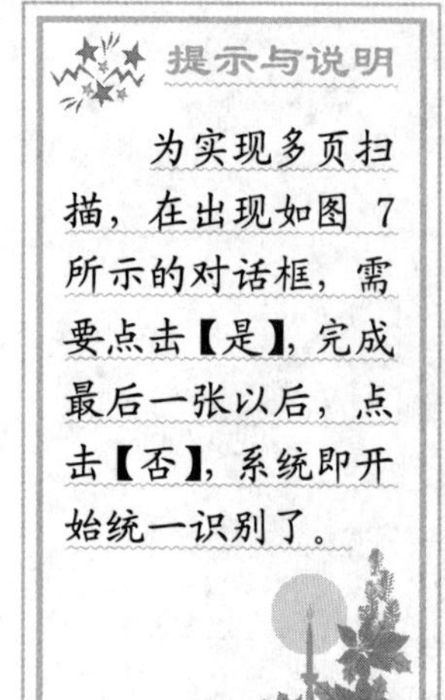

7

最后，我们将工作模式改为“多页扫描”。按下【扫描】按钮，系统会像之前一样，开始扫描第一张。只是扫描完后，系统不会马上处理，而是跳出一个提示窗口“是否继续扫描下一张”。这时，你只需更换扫描仪中的文档页，然后在提示窗口中点击【是】，系统将继续扫描。所有文档都扫描完成之后，在提示窗口中点击【否】，“文本王”将停止扫描，并一次性处理和识别刚才扫描的所有文档。这样就实现多页材料批量识别了。

以上介绍的就是快捷方便的“文本王一键 OK”功能，相信它以后肯定能成为你办公学习的贴心好帮手。不仅如此，为了让大家得心应手地使用 OCR，“文本王”针对专业的用户和特殊情况，还备有“专业版”伺候。

咱们举个例子来了解专业版吧，譬如，如果你想对多页材料进行手工校对、处理并保存，那么选择【开始】|【程序】|【汉王文本王】|【文本王专业版】，如图 8 所示，这就是“文本王专业版”的主界面，除了具备“一键 OK”的所有功能外，还拥有很多新的窗口、选项和按钮，当然，它们也就提供了更多的新功能。

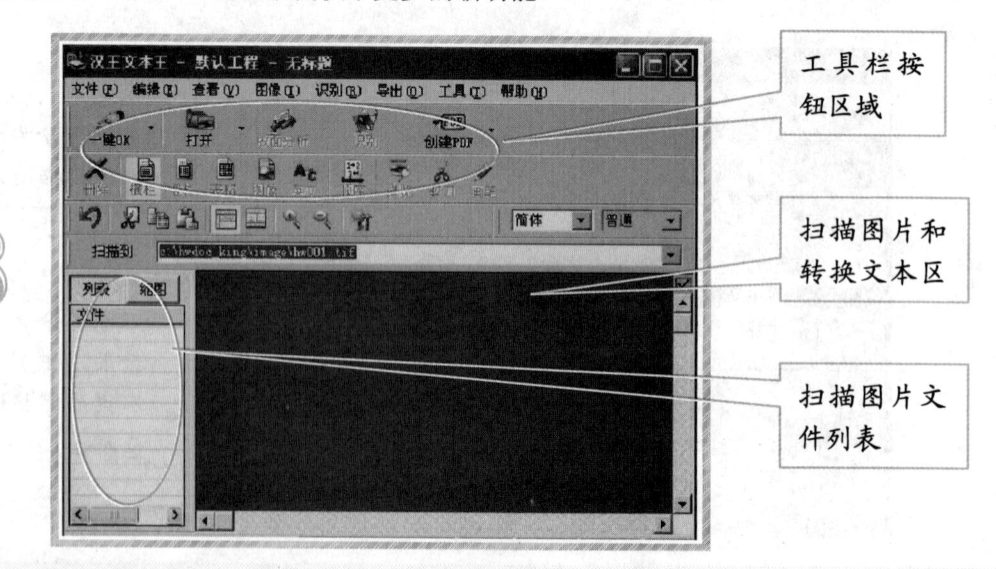

8

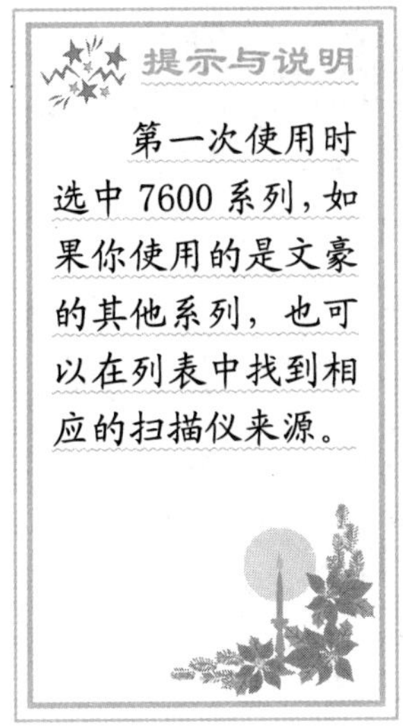

提示与说明

第一次使用时选中7600系列，如果你使用的是文豪的其他系列，也可以在列表中找到相应的扫描仪来源。

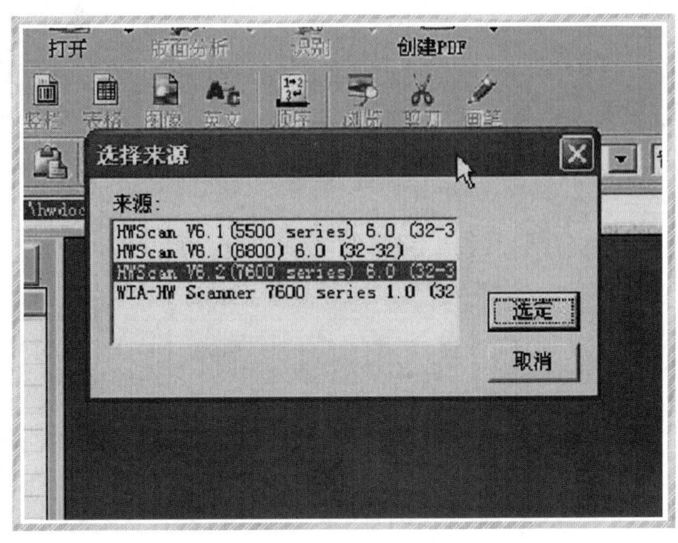

9

首先选择工具栏中的【文件】|【选择扫描仪】。如图9所示，在“选择来源”窗口中选定“HWScanV6.2（7600 series）”。这也就是你已经放入材料的扫描仪。

然后指定图像的保存位置，在“扫描到：”横栏中选择本地计算机中的磁盘路径。

接着单击工具栏上的【扫描】按钮，将会弹出 HWScan 最专业的扫描模式——传统模式，你可以设置相应的扫描参数，然后进行扫描，以获取源材料的图片格式。

这时将回到专业版界面，你可以继续扫描其他文稿。当所有需处理的文稿都扫描完成后，选择【文件】|【保存工程】，在“保存工程”对话框中，输入文件名，并点击【保存】。

下一步，单击工具栏上的“分析全部”，系统将会对扫描出来的文件列表进行版面分析。再单击【识别全部】按钮，系统将对文件列表中全部文件进行识别。另外，如果你在工具栏“设置”选项的“识别设置”中，选中了“批量识别后自动查看日志”。那么如图10所示，全部文件识别完成之后，日志文件将自动打开，你就可以查看被处理过的图像并做适当的手工处理了。

10

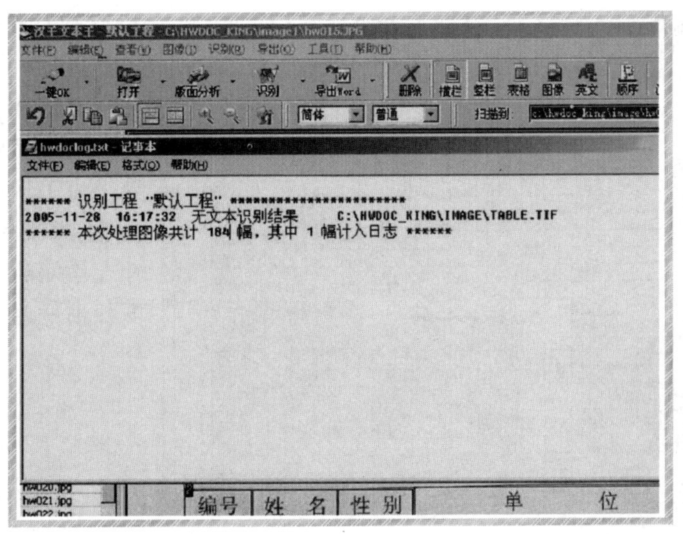

提示与说明

日志文件将记录你的识别时间、保存文件和处理的图像总数，建议你每次将日志文件保存起来，以供日后查询。

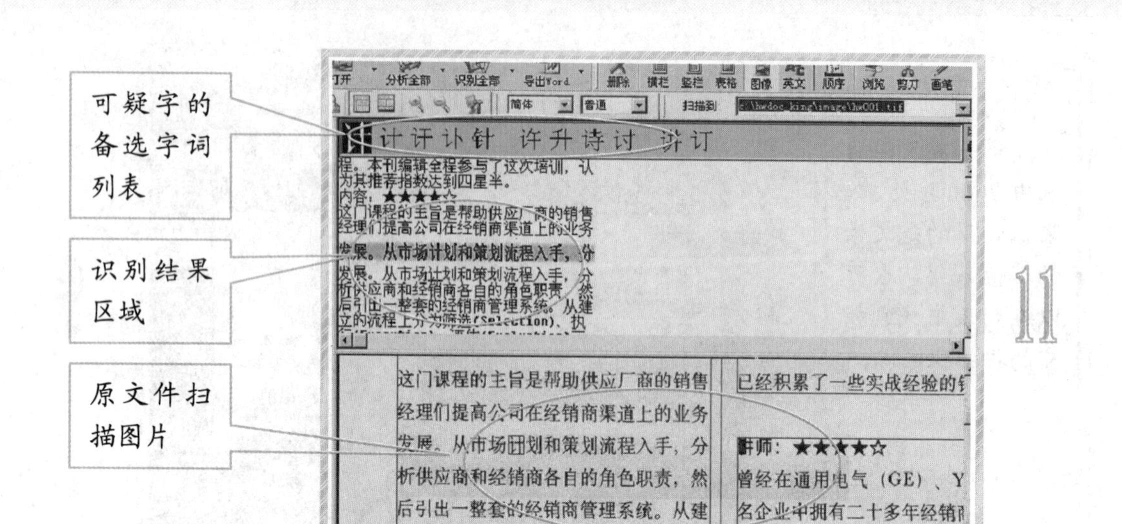

11

识别完成之后，你还可以像图 11 所示的一样，与原图对照，进行手工的修改和校对。最后，就可以将这些识别处理好的文件输出到各类格式或保存到文件。

由于文豪 7600 最大的扫描面积是标准 A4 幅面（也就是 218mm×297mm），所以有的时候一些面积较大的文稿，像图像、表格等，就必须分两次甚至多次扫描，才能将内容扫全。为此，“文本王”专业版提供了方便的图片拼接功能。

首先，将大幅面的源稿分几次扫描至专业版文件列表，将它们选中，单击工具栏中的【工具】|【拼图精灵】，就进入如图 12 所示的“拼图精灵”窗口。你会发现，之前选中的扫描文件已经出现在窗口中。接着，可通过鼠标，调整它们彼此之间的位置，使之相互契合，形成需要拼接的状态。还可以点击左边的【预览】按钮，如果符合要求，就可以点击【保存到文本王】。这样，拼接后的结果就显示在“文本王”中，变成一个完整的图像文件了。你还可以对拼接后的图像进行处理、分析和识别，这和之前讲的步骤相同。

以上就是对专业版的介绍，虽然整个操作稍有些复杂，但是功能强大，值得信赖。

12

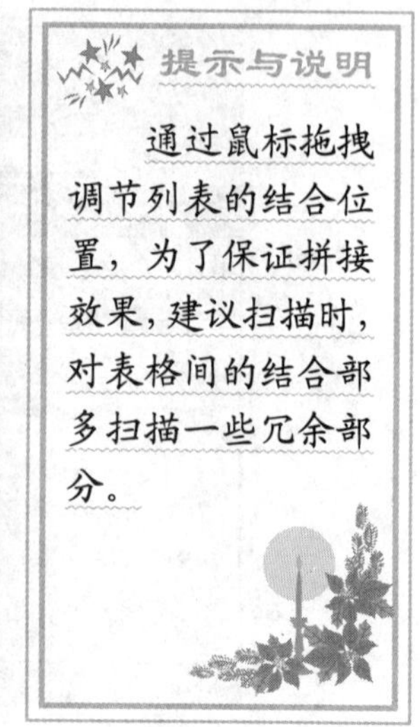
提示与说明

通过鼠标拖拽调节列表的结合位置，为了保证拼接效果，建议扫描时，对表格间的结合部多扫描一些冗余部分。

汉王屏幕和照片摘抄

学习了前面几节的内容，相信文豪 7600 已经在你的办公桌上如火如荼地忙碌起来了。最后一节，我们轻松一下，介绍一些小功能，那就是汉王“屏幕摘抄”和“照片摘抄”功能，顾名思义，扫描和分析功能被搬到了屏幕桌面和数码照片上了。这样的功能不仅有趣，有时候，还挺实用呢。

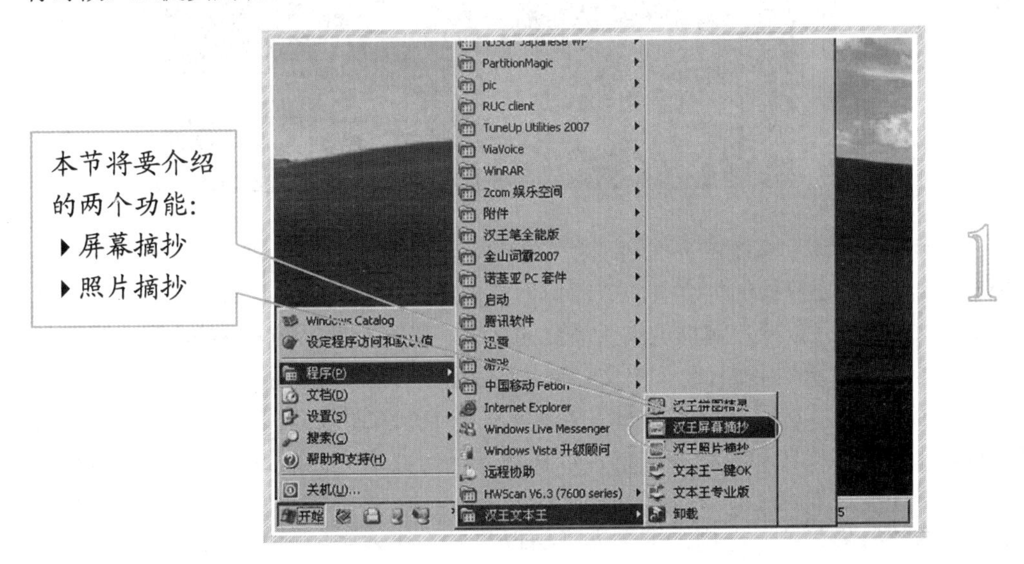

首先介绍“汉王屏幕摘抄”，汉王公司的口号是“所见即所得”，在 OCR 上面也不例外，以前上网看到网页啊、图片啊上面有什么文字想要保存起来的，需要一个字一个字输入到记事本了。现在有了扫描仪，这方法可就土了，赶紧来充充电吧。

参照图 1 执行【开始】|【程序】|【汉王文本王】|【汉王屏幕摘抄】，启动屏幕识别。

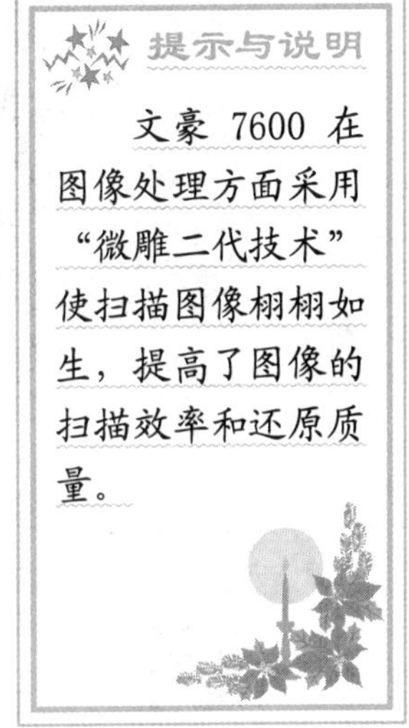

提示与说明

对拍摄角度多样的图片、照片和图像，通过选框的微调，可以使选框与文字方向一致，以提高辨识的效率和准确率。

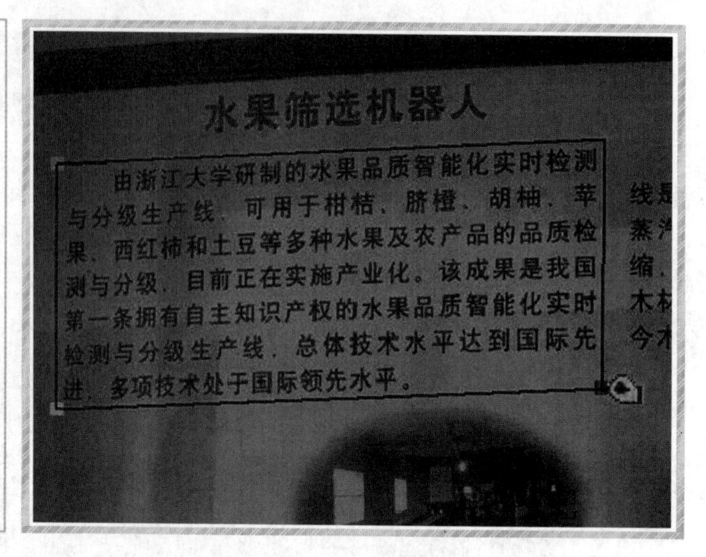

3

如图 2 所示，屏幕识别系统的界面出现在右上角，总共有“设置”、“识别”和“关闭”等几个按键。转到你想要摘抄的内容页面或窗口，点击【识别】按钮，这时鼠标指针将变成十字光标状。你可以按住鼠标左键框选出所需要的文字。松开左键以后，系统会弹出设置对话框，以选择被识别文字的语言（简体中文、繁体中文和英文）、设定导出文件的方式等。

这里还能对框选区域进行微调，如图 3 所示，点击【重新调整】，识别框将变成可旋转和拉伸的形式，方便你旋转和收拉识别框，以保证方框与文字方向一致，提高识别效果。设置完成后点击【确定】，系统即开始识别了。

识别完成的结果将直接发送到一个名为“result”的记事本中，并自动显示出来。看图 4，图片中的文字全都转换到记事本中了。以后上网浏览、处理资料，看到有用的文字，或感兴趣的句子又无法复制粘贴，再也不需要打开个记事本，一字一句对照着输入了，有了“屏幕摘抄”，你只需要鼠标轻轻一拉，图片中的文字就全转换成文本字符，连记事本都帮你打开了，多牛！

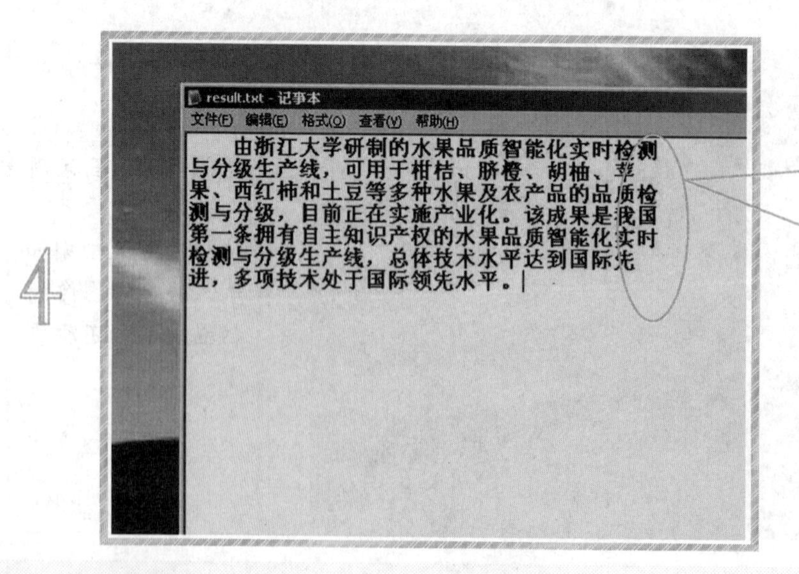

4

辨识出来的文本文档一般不是完全按照原图片的格式输出的，所以部分标点符号、换行符和空格符还需要调整

汉王屏幕和照片摘抄

学习了前面几节的内容，相信文豪 7600 已经在你的办公桌上如火如荼地忙碌起来了。最后一节，我们轻松一下，介绍一些小功能，那就是汉王“屏幕摘抄”和“照片摘抄”功能，顾名思义，扫描和分析功能被搬到了屏幕桌面和数码照片上了。这样的功能不仅有趣，有时候，还挺实用呢。

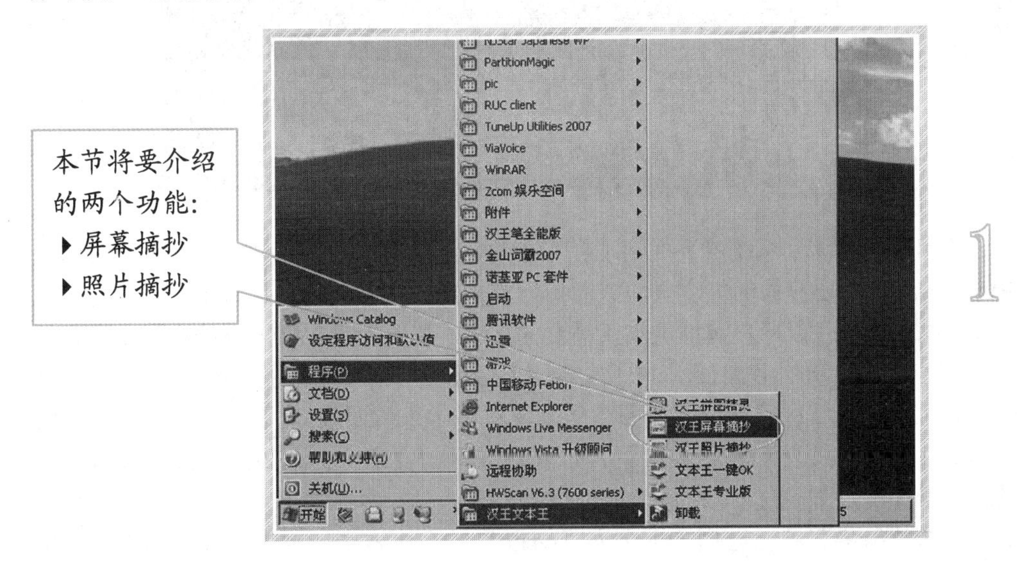

本节将要介绍的两个功能:
- 屏幕摘抄
- 照片摘抄

1

首先介绍“汉王屏幕摘抄”，汉王公司的口号是“所见即所得”，在 OCR 上面也不例外，以前上网看到网页啊、图片啊上面有什么文字想要保存起来的，需要一个字一个字输入到记事本了。现在有了扫描仪，这方法可就土了，赶紧来充充电吧。

参照图 1 执行【开始】|【程序】|【汉王文本王】|【汉王屏幕摘抄】，启动屏幕识别。

2

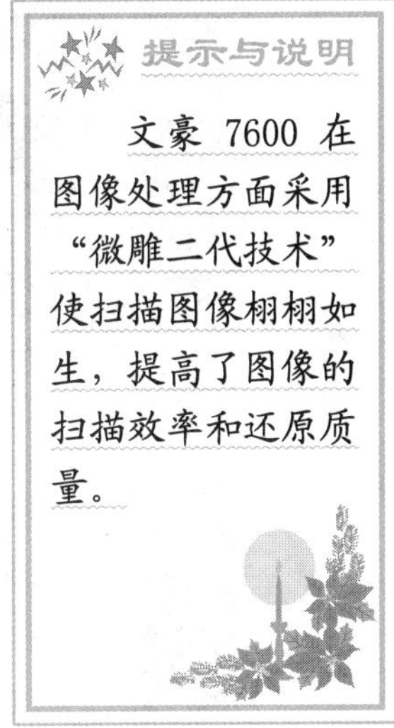

提示与说明

文豪 7600 在图像处理方面采用“微雕二代技术”使扫描图像栩栩如生，提高了图像的扫描效率和还原质量。

提示与说明

对拍摄角度多样的图片、照片和图像，通过选框的微调，可以使选框与文字方向一致，以提高辨识的效率和准确率。

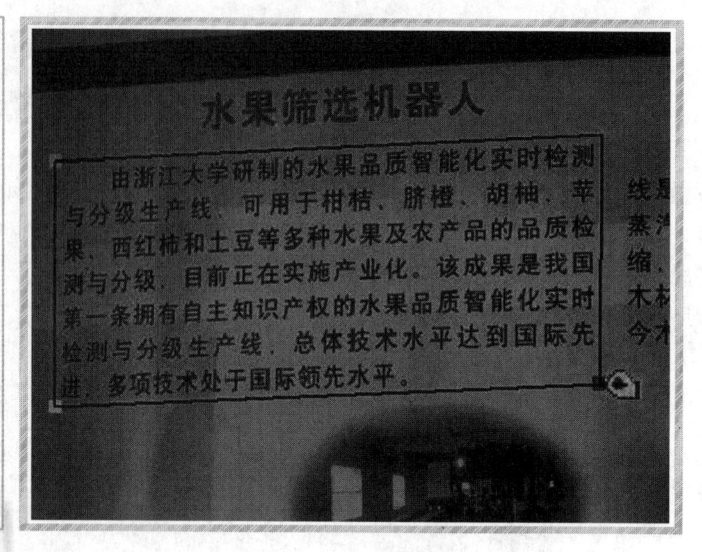

如图 2 所示，屏幕识别系统的界面出现在右上角，总共有“设置”、“识别”和“关闭”等几个按键。转到你想要摘抄的内容页面或窗口，点击【识别】按钮，这时鼠标指针将变成十字光标状。你可以按住鼠标左键框选出所需要的文字。松开左键以后，系统会弹出设置对话框，以选择被识别文字的语言（简体中文、繁体中文和英文）、设定导出文件的方式等。

这里还能对框选区域进行微调，如图 3 所示，点击【重新调整】，识别框将变成可旋转和拉伸的形式，方便你旋转和收拉识别框，以保证方框与文字方向一致，提高识别效果。设置完成后点击【确定】，系统即开始识别了。

识别完成的结果将直接发送到一个名为“result”的记事本中，并自动显示出来。看图 4，图片中的文字全都转换到记事本中了。以后上网浏览、处理资料，看到有用的文字，或感兴趣的句子又无法复制粘贴，再也不需要打开个记事本，一字一句对照着输入了，有了“屏幕摘抄”，你只需要鼠标轻轻一拉，图片中的文字就全转换成文本字符，连记事本都帮你打开了，多牛！

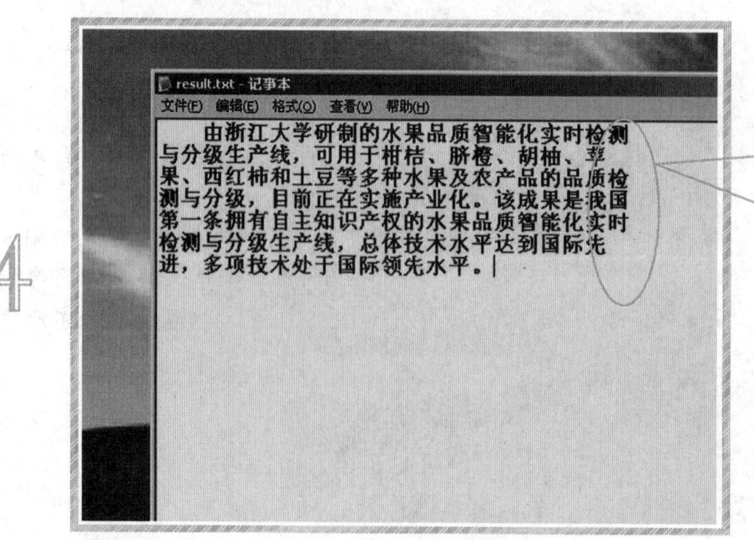

提示与说明

拥有了照片摘抄，以后不管是旅行游玩，还是工作考察，都不用带纸笔了，照相机一拍，所有文字资料就全都带回去咯。

乾清宫

明永乐十八年(1420年)建成，清嘉庆三年(1798年)重建。明至清康熙年间，此宫是皇帝居住并处理政务的寝宫。雍正皇帝即位后，将寝宫移至养心殿，这里就成为举行内廷典礼活动和引见官员、接见外国使臣的场所。

乾清宫又是清代皇帝死后的停柩之地，以示“寿终正寝”。按照仪式祭奠后，转至景山内的观德殿，最后正式出殡，葬入皇陵。“正大光明”匾后是雍正皇帝创立秘密建储制后存放建储匣之地，匣内藏皇帝选定并御笔亲书的皇位继承人名字，皇帝死后，取下匣子由秘密指定的皇子即位。乾清宫与坤宁宫分别为传统意义上的帝、后寝宫，乾、坤是《周易》中的卦名，乾表天，坤表地，乾清宫前左右

5

至于“汉王照片摘抄”嘛，大家这么聪明，肯定也已经知道它是做什么用的了。

如图5，这是笔者去故宫玩拍的一张照片，介绍了咱们乾清宫的建造年代、用途和特点等等。现在笔者想写一篇游玩的小记，得摘抄些乾清宫的资料，不想打字了，就直接用汉王摘抄吧。选择【开始】|【程序】|【汉王文本王】|【汉王照片摘抄】，启动之后，选择工具栏中的【文件】|【打开】，找到这张图片并打开。把文字部分框选出来，然后点击【识别】，瞧图6，一会儿的工夫，文字就出来啦。又快又好，还方便，你不来试试？

好了，介绍到这儿，OCR扫描仪输入就告一段落，而咱们这本《不用打字的电脑输入方法》也就结束了。说起来，还真有些舍不得大家，不过，这些日子以来，能给带来大家一些帮助，笔者还是很高兴的。随着科技的不断发展，不用打字的输入方法肯定会越来越多，越来越方便、高效、准确，毕竟，科技以人为本嘛。说不定，下一回咱们见面，就是《不用打字的电脑输入方法2》了，呵呵，朋友们，再见！

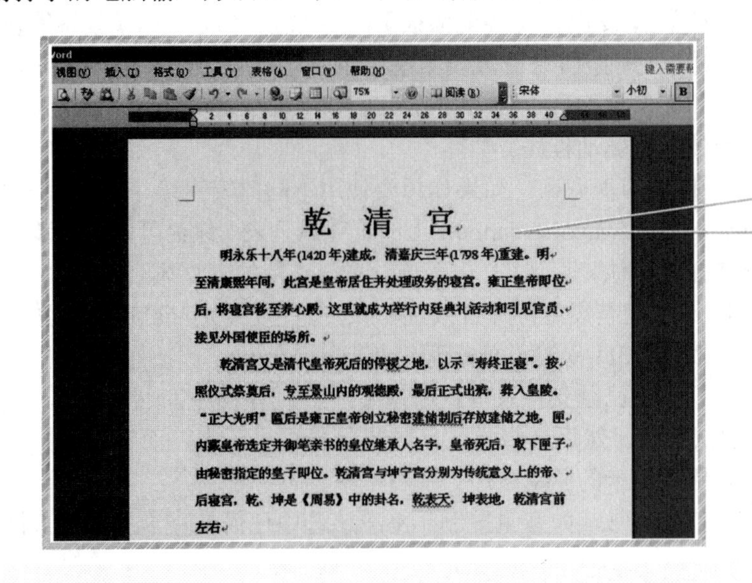

乾 清 宫

明永乐十八年(1420年)建成，清嘉庆三年(1798年)重建。明至清康熙年间，此宫是皇帝居住并处理政务的寝宫。雍正皇帝即位后，将寝宫移至养心殿，这里就成为举行内廷典礼活动和引见官员、接见外国使臣的场所。

乾清宫又是清代皇帝死后的停柩之地，以示“寿终正寝”。按照仪式祭奠后，专至景山内的观德殿，最后正式出殡，葬入皇陵。“正大光明”匾后是雍正皇帝创立秘密建储制后存放建储之地，匣内藏皇帝选定并御笔亲书的皇位继承人名字，皇帝死后，取下匣子由秘密指定的皇子即位。乾清宫与坤宁宫分别为传统意义上的帝、后寝宫，乾、坤是《周易》中的卦名，乾表天，坤表地，乾清宫前左右

6

输出到Word文档保存的“乾清宫”介绍资料

附录

附录 1

IBM ViaVoice V10 使用疑难排解

✓ 无法安装 ViaVoice?

- 你的计算机必须符合硬件和软件的基本要求。

  硬件：处理器 CPU 650MGHz 以上；内存 RAM 128M；硬盘空间 520MB；声卡 PCI 接口或集成声卡均可。

  软件： Windows 98/2000/XP 操作系统。
- 在安装过程中，你应该在每个窗口完全、正确地提供数据，然后再提示出现时按【下一步】。如果当时不想完成安装，可以不按【下一步】，按【取消】按钮以退出。
- 如果你在 Windows 2000 或 Windows XP 上安装，你的用户账号必须具备管理员权限。

✓ 音效设定有问题?

- "音效安装精灵"可以控制你的音效系统。你必须顺利完成音效设定。麦克风接口必须正确地插入声卡或 USB 转接器后的插口。"音效安装精灵"会提示你正确的位置。
- 你的声卡必须和 ViaVoice 包装上的规格完全兼容，且应该安装最新的声卡驱动程序。请查询【开始】|【设置】|【控制面板】|【系统】|【硬件】|【设备管理器】，如果显示有黄色感叹号的声卡，你就要考虑寻求驱动程序了，你可以在 IBM 的网站上检查声卡的相关信息（http://www.ibm.com/viavoice/support）,并且联系声卡制造商以获取最新的设备驱动程序。
- 使用 ViaVoice 所提供的麦克风。如果你想要使用不同的麦克风，请参考 IBM 网站：http://www.ibm.com/viavoice/support 上的麦克风列表。你也可以在安装音效设备的过程中，选择"其他麦克风"，从而查看系统支持的麦克风列表。
- 请确定在 Windows 中没有设定特殊音效，因为这些音效会让 ViaVoice 无法正确使用声卡。如：全双工、3D 音效和回音等。
- 请确定你的计算机设定已经支持录音。选择【开始】|【程序】|【附件】|【娱乐】|【录音机】，尝试录音，然后选择播放，如果录音程序正常，而音效设备设定失败，你可能需要更新声卡的驱动程序。
- 请确定已经设定值都正常，如音量控制，不应该选中任何使声卡静音的方框。在

Windows 帮助中搜索音效设定，来查看相关的调整方法，如多重混音器就可能导致问题的产生。

✓ 辨识率不佳？

- 请用正常速度说话，不要太快、也不要太慢。请不要缩短或含糊文字，拉长或夸张它们的发音。不要一次说太多字，并避免过度强调发音。一开始，你说话的速度可能会很快，请耐心地讲，速度放慢一点。
- 请确定你已正确地佩戴头戴式麦克风，且每次都以相同的方式说话。不要将麦克风直接置于嘴巴前面，这样会连呼吸时的杂音也收音进来。正确地做法是把它放在离嘴角 2 厘米的地方。说话时，不要变更麦克风拉杆的位置，或碰触麦克风和拉杆。不要让麦克风摩擦到脸部或头发。
- 在语音模型建立过程中，只要说出显示的测试文字即可。万一再打开麦克风时和其他人交谈，ViaVoice 会将你的交谈收音进来，然后会将你的话语辨识成文章的一部分。犹豫时发出的发语词（如：“嗯”或“啊”）、咳嗽声以及脱口而出的口头语都会被当做文字收音进来。
- 如果一个字有多个发音方式，例如“了”这个字有“le”和“liao”两种说法，请根据情况正确发出来。
- 正确念出你想输入的文字，不要念错字，也不要漏掉任何字。
- 如果你说话的房间里有很多背景杂音，请更换录制环境或是等到杂音消失以后再朗读文章。

附录 2

IBM ViaVoice V10 命令参考手册

语音中心

如果你说	则结果为
去睡觉	设定麦克风为休眠模式
快醒来	设定麦克风为开启模式
关闭麦克风	关闭麦克风
ViaVoice 功能表	显示语音中心功能表
快乐颂功能表	显示语音中心功能表
听写到语音板	开启语音板并开始听写
直接听写	在应用程序里开始听写
听写到 Word	在 Microsoft Word 中开始听写
资讯中心	显示 ViaVoice 说明信息
建立新使用者	新增用户
我是谁	显示现在的用户信息
ViaVoice 选项	显示 ViaVoice 选项窗口
快乐颂选项	显示 ViaVoice 选项窗口
开始朗读	朗读已选取的文字

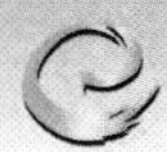

说什么好呢？

如果你说	则结果为
说什么好呢？	显示 ViaVoice 的指令窗口
该怎么说<指令集>	显示特定的指令
教我什么好呢？	显示卡通人物所能教你的主题列表
教我<主题>	显示特定主题的信息

文字编辑

如果你说	则结果为
复原	复原上一次输入的单字或词组
剪下	删除所选取的文字并复制到剪贴板
复制	复制所选取的文字到剪贴板
贴上	贴上剪贴板中的文字
删除	删除所选取的文字
删到行尾	从光标位置开始删除到行尾
选到行首/行尾	选取光标所在位置到该行开头或结尾的文字
选取整份文件	选取文件中全部的文字
选到文件开头	选取光标所在位置到文件开头之间的文字
选到文件结尾	选取光标所在位置到文件结尾之间的文字
使用粗体	将光标所在的文字改成粗体格式
使用底线	将光标所在的文字改成下画线格式
是用斜体	将光标所在的文字改成斜体格式
开启/关闭粗体	将听写文字改成粗体，直到你说“关闭粗体”

（续表）

开启/关闭底线	将听写文字改成下画线，直到你说“关闭底线”
开启/关闭斜体	将听写文字改成斜体，直到你说“关闭斜体”

拼写文字和数字

如果你说	则结果为
开始拼写	进入拼写模式。请说出英文字母拼音
开始数字	进入数字模式。请说出单一数字
返回/取消	离开拼写或数字模式

桌面浏览

如果你说	则结果为
启动程式<程序名称>	运行程序
跳到<程序名称>	切换焦点到已开启的程序
关闭程式<程序名称>	关闭程序
缩到最小<执行中的程序名称>	将窗口缩到最小
放到最大<执行中的程序名称>	将窗口放到最大
还原<执行中的程序名称>	将窗口还原为原来大小

网页浏览

如果你说	则结果为
漫游网际网路	启动 Internet Explorer
跳到<我的最爱>	从【我的收藏】中，指定页面启动 Internet Explorer
<超文本链接>	从网页中浏览 Internet Explorer 中的超链接

作用中程序

如果你说	则结果为
“说什么好呢”作用中程式	在【说什么好呢】窗口中显示作用中程序可用的语音指令
<功能表选项>、<按钮>、<菜单>或<对话框>	选中或点击对应的名称的选项、按钮或对话框

听　写

如果你说	则结果为
听写到语音板	开启语音板并开始听写
直接听写	在应用程序里开始听写，直到你说“暂停直接听写”为止
停止直接听写	在应用程序里停止直接听写，直到你说“恢复直接听写”为止
听写到 Word	在 Microsoft Word 中开始听写
取消	删除最后一个听写的单字或词组
选取<文字>	选取特定的文字
选取这个字词	选取光标所在的文字
播放	播放已选取的听写文字
建立巨集	将选取的文字建立听写巨集（语音模型）
显示更正视窗	打开【更正窗口】，更正辨识有误的文字

更正听写

如果你说	则结果为
更正这个字词	打开【更正窗口】更正光标所在的文字或选取的文字
更正<文字>	为特定的文字或词组打开【更正窗口】
找下一个	在文章中搜寻下一个选取的文字
挑选<n>	从候选字词列表中选择第<n>个的单字或词组
返回文字	将焦点从更正窗口移回听写文字上
显示更正视窗	打开【更正窗口】，更正辨识有误的文字
隐藏更正视窗	关闭【更正窗口】

光标移动

如果你说	则结果为
下一行	将光标移到下一行
上一行	将光标移到上一行
移到行首	将光标移到这一行的开头
移到行尾	将光标移到这一行的结尾
上一页	将光标移到上一页
下一页	将光标移到下一页
下一个字	将光标移到下一个字
上一个字	将光标移到上一个字
移到文件开头	将光标移到文件的开头
移到文件结尾	将光标移到文件的结尾

标点符号和英文字母

标点符号		
而且符号 &	左大括号 {	破折号 ——
星号 *	逗号 ，	大于符号 >
老鼠符号 @	句号 。	小于符号 <
反斜线 \	问号 ？	百分比号 %
斜线 /	冒号 ：	货币符号 $
乘幂符号 ^	分号 ；	英镑符号 £
毛毛虫符号 ~	点号 .	加号 +
右括号)	惊叹号 ！	减号 -
左括号 (	单引号 ‘	乘号 ×
右方括号]	左引号 「	除号 /
左方括号 [	右引号 」	底线 _
右大括号 {	连字号 —	垂直线 |

英文字母		
大写/小写 A/a	大写/小写 J/j	大写/小写 S/s
大写/小写 B/b	大写/小写 K/k	大写/小写 T/t
大写/小写 C/c	大写/小写 L/l	大写/小写 U/u
大写/小写 D/d	大写/小写 M/m	大写/小写 V/v
大写/小写 E/e	大写/小写 N/n	大写/小写 W/w
大写/小写 F/f	大写/小写 O/o	大写/小写 X/x
大写/小写 G/g	大写/小写 P/p	大写/小写 Y/y
大写/小写 H/h	大写/小写 Q/q	大写/小写 Z/z
大写/小写 I/i	大写/小写 R/r	

附录 3

WindowsVista 语音识别系统中的各字母中文谐音

如果你说	则结果为
黑马	a
比较	b
细节	c
地方	d
衣服	e
服装	f
纪录	g
河渠	h
爱意	i
杰出	j
开业	k
莲藕	l
爱慕	m
恩典	n
欧洲	o
批准	p
球友	q
日光	r
思想	s
特别	t
悠游	u
威严	v
大不了	w
爱克斯	x
歪曲	y
字典	z